일반물리학이라면 이제 만화로 공부하세요

II 고전역학, 열역학

조재경 지음

교우사
KYOWOOSA

뉴턴
아인슈타인
볼츠만
멕스웰
슈뢰딩거
고전역학
상대성이론
열역학
전자기학
양자역학
보이는 물리
단언컨대 본다는 것은
최고의 축복입니다.
헬렌켈레

고전역학, 열역학

일반물리학

일반물리학은 자연의 이치를 탐구하는 학문으로, 모든 전공의 자연계 학부생들이 교양과정에서 이수하는 과목입니다. 일반물리학은 다양한 전공의 학생들에게 기초가 되는 고전역학, 상대성이론, 열역학, 전자기학, 양자역학의 전 분야를 다루므로 내용이 방대하고 어려워서 이해하기가 쉽지 않고 가르치기도 쉽지 않습니다.

이 책에서는 일반물리학의 개념들을 가능한 한 쉽게 파악할 수 있도록 만화를 통하여 강의하듯이 구어체로 풀어 썼습니다. 또한 만화라는 형식의 자유로움을 이용해서 글만으로는 표현하기 어려운 개념들을 시각화 했습니다.

물리학의 제 개념들을 시각화하려는 이유는 우리의 인식이 우선 시각적인 것에서 출발한 후에 그것에 대한 논리를 세워서 서술하는 과정 속에서 형성되기 때문입니다. 그러나 우리가 보통 물리학 책을 읽을 때에는, 서술을 바탕으로 그것에 대한 이미지를 머릿속에 그리려고 애쓰는 순서가 뒤바뀐 과정을 행합니다. 이러한 과정이 물리학과 그 현상을 기술하는 수학의 추상성과 결부되어 물리학이 어렵게 느껴지는 이유 중의 하나일 것입니다.

이 책에서는 또한 물리학의 핵심만을 추출하여 가능한 한 우리 생활 속의 많은 예와 결부시키려고 노력했습니다. 본문에서는 핵심 개념들을 시각화하여 설명하였고, 각 단원말의 퀴즈에서는 개념 파악의 심화 예와 구체적인 계산 예를 제공했습니다.

이 책이 독자 여러분들에게 일반물리학에 대한 흥미를 유발시켜서 물리학을 공부하는 동기가 되고, 또한 물리학에 대한 이해의 폭을 넓히는 데 도움이 된다면 큰 기쁨이겠습니다.

출판에 힘써주신 도서출판 교우사의 오판근 사장님, 그리고 이 책이 나오기까지 수고해 주신 모든 분들께 깊은 감사를 드립니다.

조재경

차 례

차 례

차 례

6. 열과 온도 / 259

7. 기체운동론 / 293

8. 엔트로피와 열역학 제2법칙 / 337

1. 중력

뉴턴의 중력법칙
아직도?
중력은 아직도 완전히 이해되지 못한 채로 남아있지만
뉴턴의 중력법칙부터 시작해 보자.
네.
뉴턴이 달 밝은 밤에 뜰에 나갔더니 사과나무에서 사과가 떨어지는 거야.
달
어
툭
뉴턴
사과나무

어, 그런데 왜 달은
땅으로 떨어지지 않지?
뉴턴은
나중에 해도
달을 잡아 당겨서
달이 지구로
떨어지지 않다는 것을
알았어.
이것은 위대한 생각인데,
왜냐하면 당시 사람들은
신이 사는 천상계와
사람이 사는 지상계에서는
다른 법칙이 지배된다고
생각했거든.
뉴턴의 발견으로
우주에서의 별들의 움직임이
지상의 사과와 같은
법칙에 의해서
지배된다는 것을 알게 됐군요.

뉴턴은 물체 사이에 작용하는 힘을 연구해서 1665년 23살의 나이에 중력법칙을 발표했어.
$F = G\frac{m_1 m_2}{r^2}$ 뉴턴의 중력법칙
m_1, m_2는 두 입자의 질량이고 r은 그들 사이의 거리이며 G는 중력상수야.
$G = 6.67 \times 10^{-11}\ \mathrm{N \cdot m^2/kg^2}$
$= 6.67 \times 10^{-11}\ \mathrm{m^3/kg \cdot s^2}$
중력은 인력이고, 입자 1이 입자 2에 작용하는 중력은 입자 2가 입자 1에 작용하는 힘과 크기는 같고 방향은 반대라는 것은 알고 있지?
2
m_2
F
r
F
1
m_1
이 두 힘은 뉴턴의 제2법칙(작용－반작용 법칙)을 만족하는 힘의 쌍을 이루겠네요.
그렇지, 그렇지.

입자 1을 원점으로 하고
입자 2를 지나는 축을
r축이라고 하고,
r축 방향의 단위 벡터를
$\hat{r}$이라 하여,
r축
$\hat{r}$
중력이 힘이니까
단위벡터를 이용해서
방향도 표시하면
$\vec{F}= G\frac{m_1m_2}{r^2}\hat{r}$
방향
중력은 다른 물체가
두 입자 사이에 있더라도
변하지 않아.
어떤 물체도 하나의
입자가 다른 입자에
작용하는 중력을 막을
수는 없군요.
뉴턴의 중력법칙은
엄격하게는 입자에만 적용되지만,
물체의 크기가
물체 간 거리에 비해
매우 작으면 실제 물체에도
적용할 수 있어.

예를 들어,
지구와 달은 충분히 멀리 떨어져 있으니까
입자로 다룰 수 있겠군요.
지구
달
너무 멀어
그러나,
사과와 지구의 경우에는
사과 입장에서 보면
지구는 평평한 모양이니까
입자로 보이지는
않겠지?
뉴턴은
사과-지구 문제를
껍질정리라는 정리를 증명해서
해결했어.
껍질정리
구형의 균일한 껍질 물질은 마치 모든 질량이 중심에 모여 있는 것처럼 외부의 입자를 끌어당긴다.

지구는 껍질이
여러 겹 싸여 있는 것으로 볼 수 있고,
각 껍질은 바깥의 입자를
마치 껍질의 모든 질량이
양파 같네.

중심에
있는 것처럼
끌어당기는
거지.
사과 입장에서 보면
지구는 중심에
모든 질량이 모여 있는
입자로
보는 거군요.
질량 중심과
비슷하네!

중력과 중첩원리

여러 개의 입자가 있을 때
그 중 하나에
나머지 입자가 작용하는
알짜 중력은
2
3
F_{12}
F_{13}
1
4
F_{14}

중첩원리를 써서 구해.
즉, 상호작용을 하는 n개의 입자 중에
입자 1에 작용하는 중력에 대한
중첩원리는
$\vec{F}_{1,net} = \vec{F}_{12} + \vec{F}_{13} + \vec{F}_{14} + \cdots + \vec{F}_{1n}$
$\vec{F}_{1,net}$는 다른 입자들이
입자 1에 작용하는 알짜힘.
F_{12}는 입자 2가
입자 1에 작용하는 힘
결국은 다 더하는 거네요.
(벡터 합)
$\sum$를 써서 나타나면
$\vec{F}_{1,net} = \sum_{i=2}^{n} \vec{F}_{1i}$

입자가 아니라
크기가 있는 물체가
한 입자에 작용하는 힘은
F_1
1
물체를
입자로 취급할 수 있을 만큼
작은 부분으로 나눈 후,
각 부분이 입자에 작용하는
힘의 벡터합을
구하면 되지.
각 부분을
매우 작게 하면
연속적인 합이 되니까
적분이 되겠네요.
$\vec{F_1} = \int d\vec{F}$
연속적 합= $\int$
불연속적합= $\sum$
$d\vec{F}$는 작은 부분이 작용하는 힘
만약,
물체가 균일한 공기나 껍질이면
질량이 물체의 중심에
집중되어 있다고 가정하여
앞의 식으로 계산
$\vec{F} = G\frac{m_1 m_2}{r^2}\hat{r}$

지표면 근처의 중력
지구를 질량 M인 균일한 공이라고 가정하면,
M
r
m
질량 m인 입자가 지구 중심에서 거리 r 떨어진 외부에 있을 때 지구로부터 받는 중력의 크기는 $F = G\frac{Mm}{r^2}$ 이 되겠지?
입자가 움직일 수 있는 상태에 있다면, 중력 $\vec{F}$ 때문에 중력가속도 $\vec{a}_g$로 지구 중심을 향해 떨어지지.
M
$\vec{F}$
m
$\vec{a}_g$
여기에 뉴턴의 제2법칙을 적용하면 $F = ma_g$ 그런데 $F = G\frac{Mm}{r^2}$ 대입하면 $a_g = G\frac{M}{r^2}$ 가 되는군요.
중력가속도가 이렇게 얻어진 것이구나!

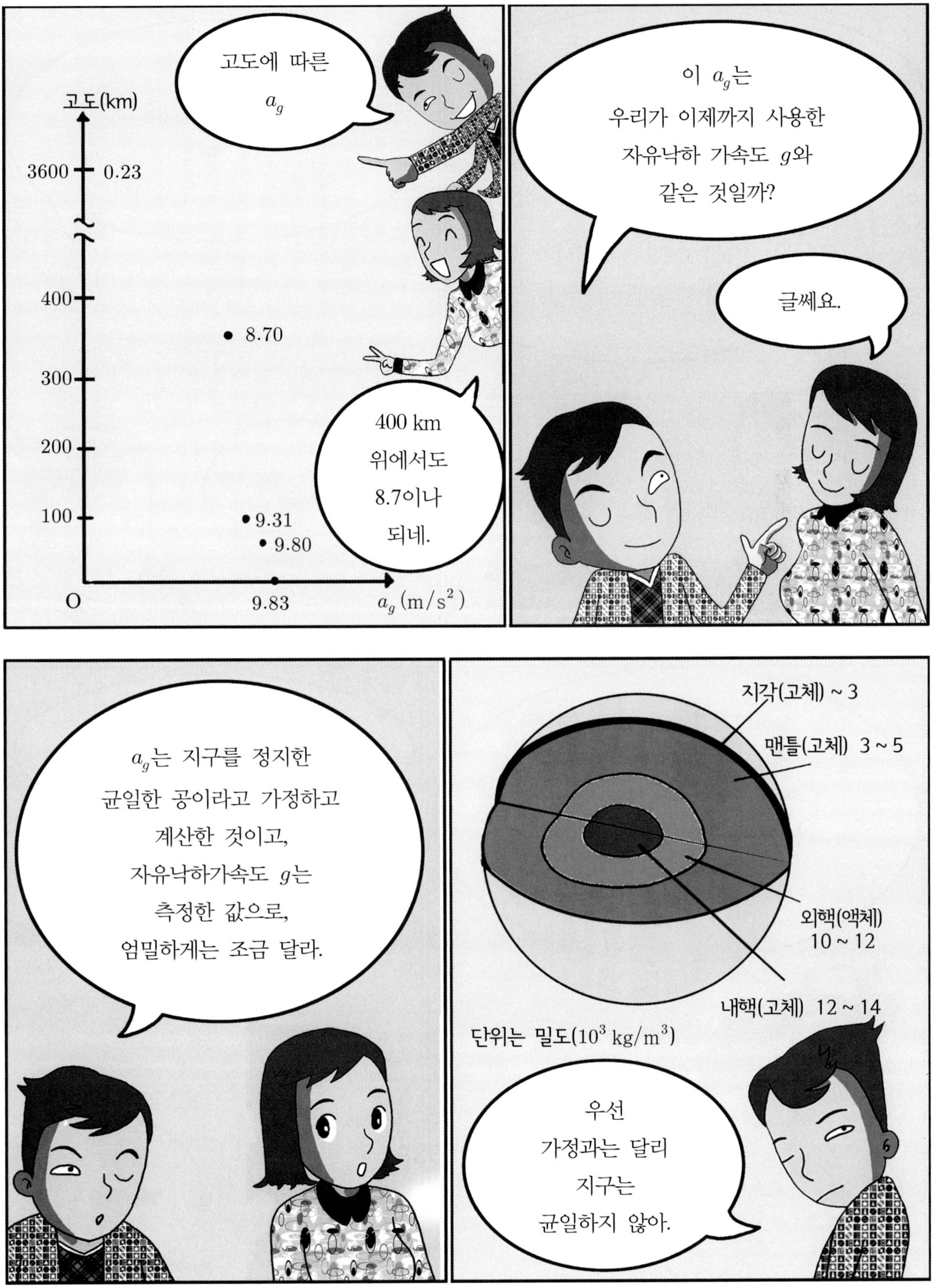
고도에 따른
a_g
고도(km)
3600
0.23
400
8.70
300
200
100
9.31
9.80
O
9.83
a_g (m/s^2)
400 km
위에서도
8.7이나
되네.
이 a_g는
우리가 이제까지 사용한
자유낙하 가속도 g와
같은 것일까?
글쎄요.
a_g는 지구를 정지한
균일한 공이라고 가정하고
계산한 것이고,
자유낙하가속도 g는
측정한 값으로,
엄밀하게는 조금 달라.
지각(고체) ~ 3
맨틀(고체) 3 ~ 5
외핵(액체)
10 ~ 12
내핵(고체) 12 ~ 14
단위는 밀도(10^3 kg/m^3)
우선
가정과는 달리
지구는
균일하지 않아.

따라서 자유낙하가속도 g를 지면의 각 지점에서 재면 서로 달라.
a_g는 계산한 값이니까 지점에 관계없이 같겠죠.
또 지구는 공 모양이 아니야. 적도 부분이 볼록한 타원체에 가까워.
b
$b-a=21$ km
a
남극
그러면 적도보다 극지방이 밀도가 높은 지구 중심에 더 가까우니까, 적도에서 극점으로 접근할수록 측정한 g값은 더 증가하겠네요.
마지막으로 지구는 정지해 있지 않고 자전하고 있지.
g 자유낙하 가속도
북극
$\vec{a}$:구심가속도
원운동하니까 구심가속도가 있군요.

그러니까 자전하는 지구에서의 가속도는 $g+a$, 정지한 지구에서의 가속도는 a_g
정지
a_g 중력가속도
따라서 $a_g=g+a$ $a_g-g=a$ 여기서 $a=\omega^2R$ $\approx 0.034\ \mathrm{m/s^2}$
여기에 지구의 자전 각속도 ω와 반경 R을 대입해 계산하면
그래서 자유낙하 가속도 g를 측정해 보면 중력가속도 a_g보다 아주 약간 작게 나오는구나!
그 차이 ($0.034\ \mathrm{m/s^2}$)로 매우 작으니까 자유낙하 가속도 g와 중력가속도 a_g를 구별 없이 쓰고, 지면에서의 값은 그냥 $9.8\ \mathrm{m/s^2}$을 쓰는 거야.

지구 내부의 중력
앞의 뉴턴의 껍질정리를 껍질 내부에 있는 입자에 적용하면
껍질
m
구형의 균일한 껍질이 내부에 있는 입자에 작용하는 중력의 벡터 합은 영이다.
껍질 내부에 있으면 중력에 영? 진짜?
이렇게 생각해봐. 내부의 입자를 지나는 두 선을 그려봐. 그럼 그 선들이 구껍질에 닿겠지?
$s_2 \propto r_2^2$
r_2
m
r_1
껍질
$s_1 \propto r_1^2$
이것을 입체적으로 생각하면 모래시계 형상이 됨. 선분이 긴 쪽은 구껍질의 면적이 넓고(닮음이므로 길이의 제곱에 비례) 짧은 쪽은 면적이 작아.
$s_1 \propto r_1^2$, $r_1 > r_2$
$s_2 \propto r_2^2$
($\propto$ 비례한다는 기호)

즉,
껍질이 균일하다면
(두께와 밀도가 일정하다면)
질량은 껍질의 면적에
비례해.
$m_1 \propto s_1 \propto r_1^2$
$m_2 \propto s_2 \propto r_2^2$
$r_1 > r_2$
즉,
$m_1 = kr_1^2$
$m_2 = kr_2^2$
k : 비례상수
뉴턴의 중력법칙에 의하면
중력 F는
$F = G\frac{Mm}{r^2}$
여기에 M으로
m_1과 m_2를 적용해 보면
m : 입자의 질량
먼 쪽(선분이 긴 쪽)
껍질이 입자에 작용하는
중력 F_1은
$F_1 = G\frac{m_1 m}{r_1^2}$
$= G\frac{kr_1^2 m}{r_1^2}$
$= Gkm$
m_2
r_2
m
r_1
m_1
가까운 쪽(선분이 짧은 쪽)
껍질이 입자에 작용하는
중력 F_2는
$F_2 = G\frac{m_2 m}{r_2^2}$
$= G\frac{kr_2^2 m}{r_2^2}$
$= Gkm$

m_2
F_2
m
F_1
m_1
따라서 두 힘의 크기는 $F_1 = F_2$로 같고, 방향은 반대이므로 상쇄되어 벡터합은 영이 되지.
껍질의 다른 부분들에 대해서도 이와 같이 생각해 보면, 결국 내부에 있는 입자에 작용하는 껍질에 의한 중력은 영이 되는 거군요!
이 껍질정리와 앞의 껍질정리를 같이 적용하면 구형의 균일한 껍질이 어떤 입자에 작용하는 중력은 아래 그림과 같아.
중력
O
내부
외부
거리
앞의 껍질정리(입자가 외부에 있을 경우)
구형의 균일한 껍질물질은 마치 모든 질량이 중심에 모여 있는 것처럼 외부의 입자를 끌어당긴다.
내부와 외부가 이렇게 차이가 나?

중력
O
내부
외부
거리
지구는 속이 빈 껍질이 아니고 내부에 밀도가 큰 (~12 g/cm^3) 핵이 있어서 내부에 위치한 입자에 미치는 지구의 중력은 영이 아니고
그림과 같단다.
지구 내부라면 구멍을 파들어 간다는 말씀이신가요?
그래.
지구와 같이 속이 찬 구형물체(여러 겹의 껍질물체)의 경우에는 입자가 속으로 들어갈수록 밖의 껍질들에 의한 중력이 영이 되므로 중력이 감소해야 되는 거 아닌가요?

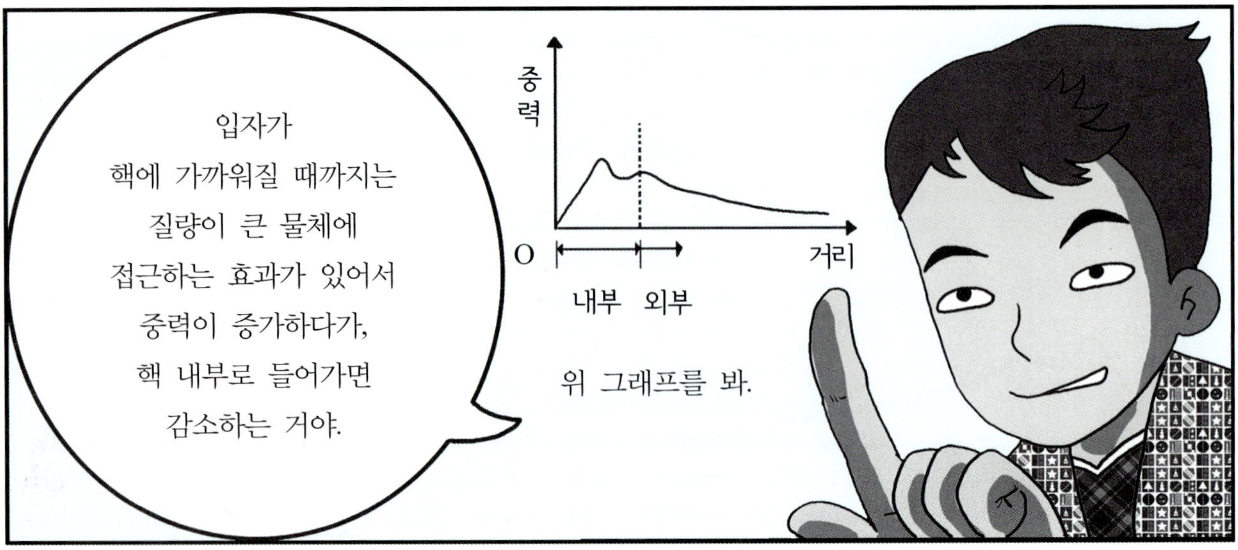
입자가
핵에 가까워질 때까지는
질량이 큰 물체에
접근하는 효과가 있어서
중력이 증가하다가,
핵 내부로 들어가면
감소하는 거야.
중력
O
거리
내부
외부
위 그래프를 봐.

만약에
지구가
밀도가 일정한
속이 찬
구라면
중력
O
거리
내부
외부

내부로
들어갈수록
중력은
단조 감소해서
중심에서는
영이 되지.
바깥 껍질에
의한
중력은
영이니까.

중력 퍼텐셜에너지
두 물체의 중력 퍼텐셜에너지 U는
m
r
M
두 물체가 무한히 떨어져 있을 때 $U=0$으로 잡아.
그러면 거리 r이 작아질 때 퍼텐셜에너지도 감소할거니까 음수가 되겠네요.
그렇지. 점점 가까워지면 더 큰 음수가 되는 거야.

따라서
두 입자로 이루어진
계의 중력 퍼텐셜에너지 U는
$U=-\frac{GMm}{r}$
$r\to\infty$이면 $U\to 0$
r이 유한이면 $U<0$

퍼텐셜에너지는
한 입자만의 특성이 아니라
두 입자로 이루어진 계의
특성이야.

따라서
이 에너지를 나눠서
어느 정도는 한 입자의 것이고
또 나머지는
다른 입자의 것이고
할 수는 없어.

그러나
지구－사과계의 경우에는
$M \gg m$이므로
m
M
사과의
퍼텐셜이라고
말해.
왜냐하면
사과가 지면 근처에서 움직일 때
사과－지구계의 퍼텐셜에너지의 변화가
거의 전부 사과의 운동에너지로
변환되기 때문이야.
이때
지구는 질량이 매우 크니까
지구의 운동에너지 변화는
측정할 수 없을 정도로
매우 작아.

그러나 비슷한 질량을 가진 두 물체의 퍼텐셜에너지는 하나의 계로 다뤄야 한단다.
m_2
r
m_1

계가 두 개 이상의 물체를 포함하면 차례로 쌍을 선택해서 다른 물체는 없는 것으로 생각하고
m_3
r_{13}
r_{23}
m_1
m_2
r_{12}

그 쌍들의 중력 퍼텐셜에너지 각각을 계산한 후 모두 더하면 됨.

예를 들어, 물체가 3개 있다면 세 쌍 각각의 중력 퍼텐셜에너지를 더하면 계의 퍼텐셜에너지가 되는군요.
$U=\left(\frac{Gm_1m_2}{r_{12}}+\frac{Gm_1m_3}{r_{13}}+\frac{Gm_2m_3}{r_{23}}\right)$
그렇지.
한편, 중력 퍼텐셜에너지의 변화 ΔU는 실제 경로에는 무관해.
앞에서 $\Delta U=U_f-U_i=-W$(일)

그런데 중력은 보존력이니까 보존력이 한 일은 경로에 무관하고 따라서 ΔU도 경로에 무관하지.
일= O(∵ 중력에 수직으로 이동)
ΔU(경로 1)=ΔU(경로 2)
경로 2
B
경로 1
A
그리고 중력 퍼텐셜에너지를 거리 r에 대해서 미분하면 중력 F가 되지.
$F=-\frac{dU}{dr}=-\frac{d}{dr}\left(-\frac{GM}{r}m\right)=-\frac{GM}{r^2}m$
원래 $F(x)=-dU(x)/dx$
이것은 바로 뉴턴의 중력법칙이네요.
(−)는 인력이란 뜻

탈출속력
슈우웅
지구
지구에서
물체를 위로 쏘아 올리면
어떻게 되겠니?

지구
대개는
점점 느려져서 순간적으로 멈췄다가
지구로 되돌아오죠.

그러면
물체가 지구의 중력으로부터
탈출하기 위한 속력은
어떻게 되겠니?

지구로 떨어지지 않고
계속 위로 올라가서 무한대에서
속력이 영이 되면 되겠네요.
중력퍼텐셜이
무한대에서 영이므로

질량 m인 물체가
초기속력 v로 지구로 떠난다면
물체의 운동에너지 K는
$K=\frac{1}{2}mv^2$
퍼텐셜에너지 U는
$U=-\frac{GMm}{R}$
M : 지구질량
R : 지구반경

물체가
무한대에 도달하면
속도가 영이므로
운동에너지는 영,
그리고
퍼텐셜에너지도 영.
무한대의
퍼텐셜에너지가
영이므로

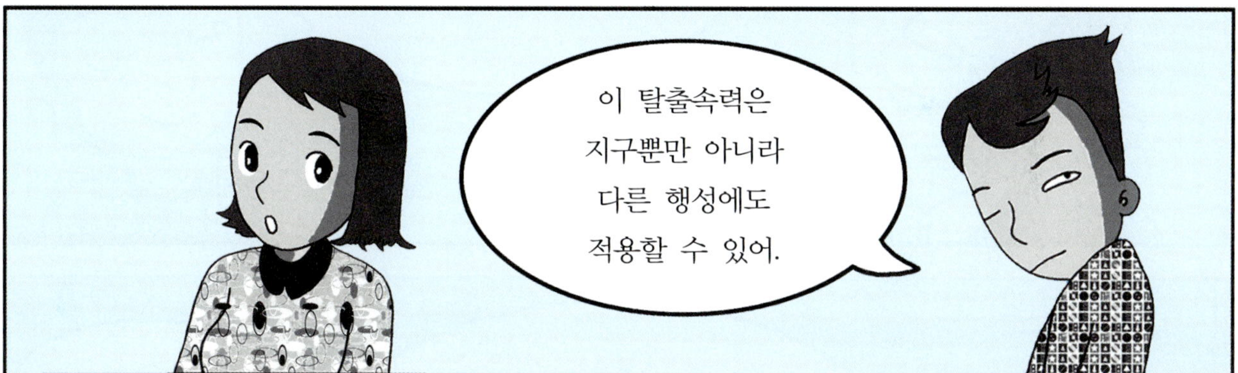

행성	질량(kg)	반경(m)	탈출속력(km/s)
지구	5.98×10^{24}	6.37×10^{6}	11.2
달	7.36×10^{22}	1.74×10^{6}	2.38
태양	1.99×10^{30}	6.96×10^{8}	6.18

행성과 위성에 관한
케플러의 법칙
케플러
케플러는 평생 동안 연구해서 행성의 운동을 지배하는 실험법칙을 만들었어.
나중에 뉴턴이 케플러 법칙이 중력법칙에 의한 것이라는 것을 증명했지.
뉴턴
케플러는 태양 주위를 도는 행성에 대한 법칙을 만들었지만 지구 또는 무거운 중심체 주위를 도는 위성이나 인공위성에도 적용할 수 있다.
케플러

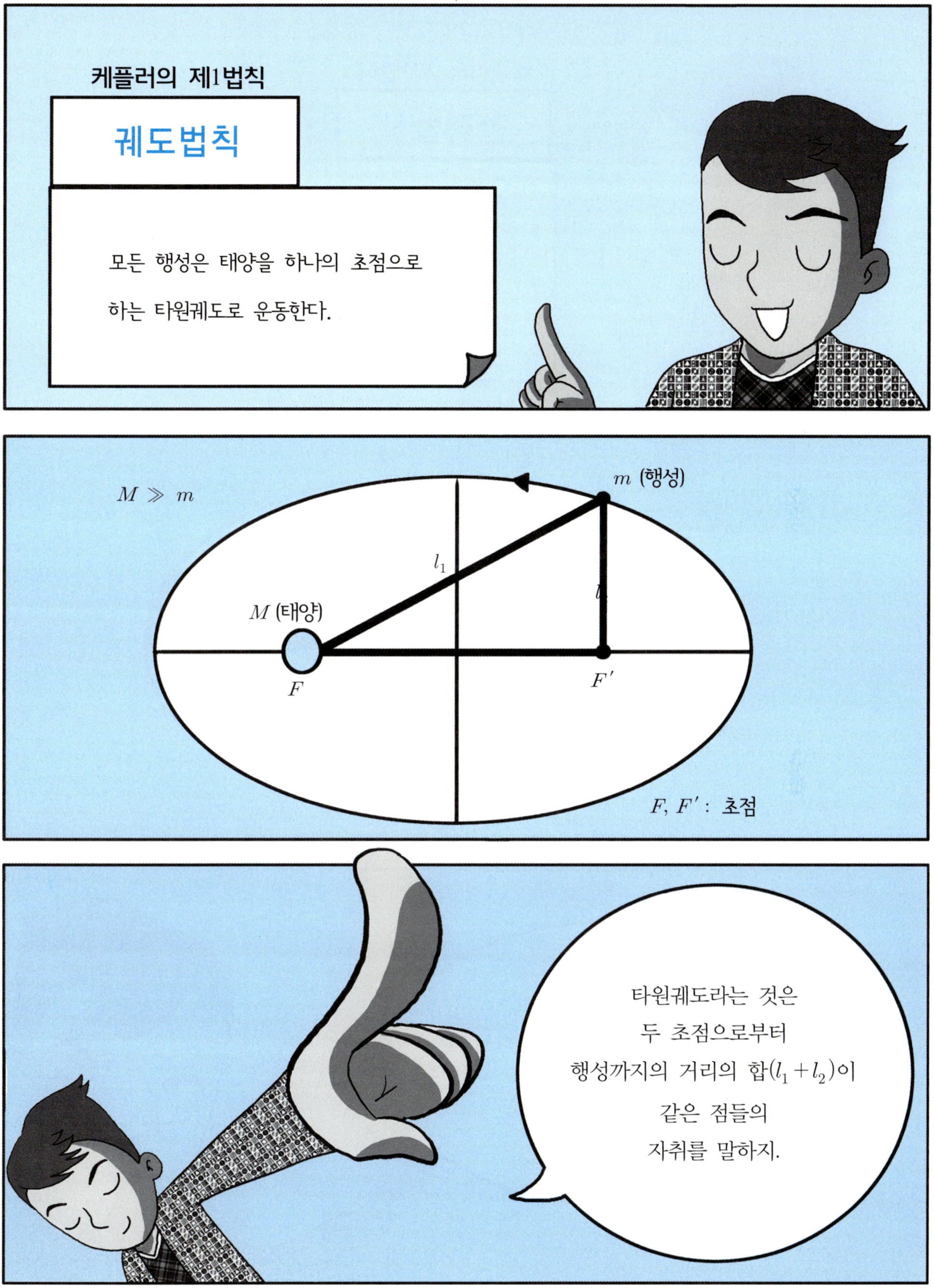
케플러의 제1법칙
궤도법칙
모든 행성은 태양을 하나의 초점으로 하는 타원궤도로 운동한다.
$M \gg m$
m (행성)
l_1
M (태양)
F
F'
F, F' : 초점
타원궤도라는 것은 두 초점으로부터 행성까지의 거리의 합($l_1 + l_2$)이 같은 점들의 자취를 말하지.

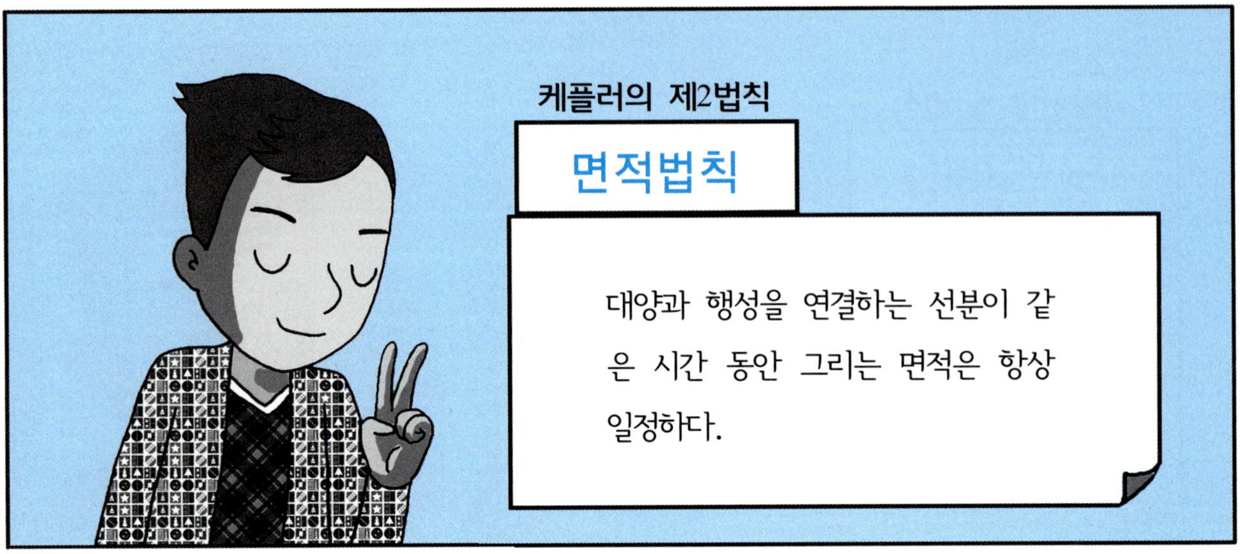
케플러의 제2법칙
면적법칙
대양과 행성을 연결하는 선분이 같은 시간 동안 그리는 면적은 항상 일정하다.

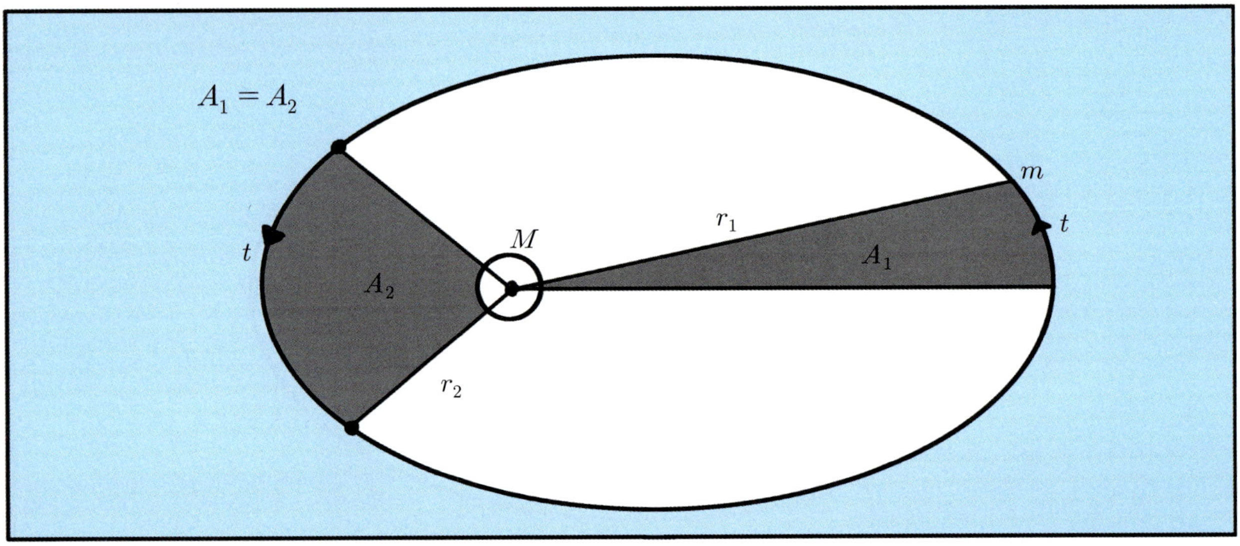
$A_1 = A_2$
m
t
r_1
M
A_1
t
A_2
r_2

다른 말로는 행성이 태양에서 멀 때는 천천히, 가까울 때는 빨리 돈다는 의미야.

에너지 관점에서 보면
역학에너지 보존법칙으로도
설명할 수 있겠네요.
운동에너지+퍼텐셜에너지=일정
태양에서 멀면 (r이 크면)
중력퍼텐셜에너지 U
$U=-\frac{GMm}{r}$
의 분모가 커져서
절대치는 작아지고
더 작은 음수가 (퍼텐셜에너지가 큼)
되죠.
따라서
운동에너지는 작아져서
도는 속도가 느려지는 거죠.
한편 태양에서 가까워지면
r이 작아져서
중력퍼텐셜에너지가 작아지면서
운동에너지가 커지고
속도가 빨라지는 거죠.

케플러의 제2법칙은
또 각운동량(L) 보존법칙과 같아.
v_1
v_2
r_2
A_1
A_2
m
r_1
왜 그런지
계산해 보자.
태양에서 멀 때의
행성의 선속도를
v_1이라고 하면,
시간 t동안 이동한 거리,
즉 초의 길이는 $v_1 t$
$v_1 t$
v_1
A_1
r_1

이때 만들어지는 부채꼴의 면적 A_1은
$A_1 = \pi r_1^2 \frac{v_1 t}{2\pi r_1} = \frac{1}{2} v_1 r_1 t$
왜냐하면 원궤도라고 가정하고 한 바퀴 돌 때의 면적은 πr_1^2(원의 면적)인데, 이때의 호의 길이는 $2\pi r_1$(원주길이).
실제로 지구 공전타원 궤도의 이심률은 0.0167로 매우 작으므로 원궤도라고 봐도 됨.
그런데 시간 t 동안의 호의 길이는 $v_1 t$이므로 이때의 면적 A_1은 원의 면적(πr_1^2) $\times \frac{\text{시간 } t\text{동안의 호의 길이}(v_1 t)}{\text{원주길이}(2\pi r_1)}$
면적을 호의 길이의 비례 관계로 구하는구나!

v_2
r_2
$v_2 t$
A_2
마찬가지로 태양에 가까울 때에 행성이 같은 시간 t 동안 이동한 거리, 즉 이때 만들어지는 호의 길이는 v_2t.
이때 만들어지는 부채꼴의 면적 A_2는 $A_2 = \pi r_2^2 \frac{v_2t}{2\pi r_1} = \frac{1}{2}v_2r_2t$
그런데 $A_1 = A_2$이므로 $\frac{1}{2}v_1r_1t = \frac{1}{2}v_2r_2t$ $v_1r_1 = v_2r_2$ 되는군요.

양변에 행성의 질량 m을 곱하면
$mv_1r_1 = mv_2r_2$
L_1 L_2
이것들이 바로 각운동량이니까
각운동량이 같다.
즉, 보존되는군요.
왜냐하면 각운동량 L은
$\vec{L} = \vec{r} \times \vec{p} = \vec{r} \times m\vec{v}$
크기는
$L = rmv\sin\phi = r_{\perp}mv$
인데
mv
r
원운동의 경우는
선속도 v가 반경 r과 수직이므로
$r_{\perp}r$
따라서
$L = rmv = mvr$
이기 때문이죠.

케플러의 제3법칙
주기법칙
행성주기의 제곱은 행성궤도 장축의 세제곱에 비례한다.
반경 r인 원궤도를 도는 행성을 생각해보자.
원의 반경은 타원의 장축에 해당.
m
r
M
뉴턴의 제2법칙($F=ma$)를 적용하면
$\frac{GMm}{r^2}=m\frac{v^2}{r}=m\frac{(r\omega)^2}{r}$
$=mr\omega^2$
↑
중력
$\frac{v^2}{r}$: 원운동의 가속도

주기 $T=\frac{2\pi}{\omega}$
$\omega=\frac{2\pi}{T}$ 대입
ω는 각속도, 한 바퀴는 2π. 따라서 한 바퀴 도는 데 걸리는 시간(T)은 $\frac{2\pi}{\omega}$
$\frac{GMm}{r^2}=mr\left(\frac{2\pi}{T}\right)^2$
$\left(\frac{2\pi}{T}\right)^2=\frac{GMm}{mr^3}$
$\frac{1}{T^2}=\frac{GM}{4\pi^2r^3}$
$T^2=\left(\frac{4\pi^2}{GM}\right)r^3$
원의 반경 r을 타원의 장축 a로 바꾸면
$T^2=\left(\frac{4\pi^2}{GM}\right)a^3$
따라서 주기의 제곱은 장축의 세제곱에 비례!

위성의 에너지
위성의 역학에너지는 보존되는데 이것을 계산해 보렴.
M
m
퍼텐셜에너지 U는 $U=-\frac{GMm}{r}$ 운동에너지를 구하기 위해서 뉴턴의 제2법칙($F=ma$)를 사용하면
$\frac{GMm}{r^2}=ma=m\frac{v^2}{r}$ 따라서 운동에너지 K는 $K=\frac{1}{2}mv^2=\frac{GMm}{2r}$
$\frac{v^2}{r}$: 구심가속도

이것과
퍼텐셜에너지를 비교하면
$K=-\frac{U}{2}$
가 되네.
역학에너지 E는
$E=K+U$
$=\frac{GMm}{2r}-\frac{GMm}{r}$
$=-\frac{GMm}{2r}$
어!
이건 또
$E=-K$
가 되네요.
반경 r 대신에
타원의 장축 a를
넣으면
$E=-\frac{GMm}{2a}$
장축에만 의존하고
이심률(타원이 찌그러진 정도)
와는 무관하네요.
따라서
장축의 길이가 같은 이런 위성들은 모두
역학에너지가 같아!

아인슈타인과 중력
아인슈타인이 일반상대론을 만든 건 알지?
상대성 이론의 기본가설은 중력과 가속도가 같다는 등가원리야.
어떤 사람이 중력을 받는 것과 9.8 m/s²의 가속도를 받는 것을 같게 느낀다는 거지.

아인슈타인은 또 중력을 공간이 휘어져(공간의 곡률) 있기 때문이라고 생각했지.
지구로 굴러 떨어지는 입자
지구
지구에서 멀리 떨어진 공간은 편평하나 지구에 가까워질수록 공간이 굽어서 입자가 지구로 떨어진다는 거야.
히야. 그렇게 생각할 수도 있구나!

퀴즈 1 그림과 같이 세 입자가 있을 때 입자 1에 작용하는 알짜 중력 $\vec{F}_1$을 구하라. 단, $m_1 = 4.0\,\text{kg}$, $m_2 = m_3 = 2.0\,\text{kg}$이다.

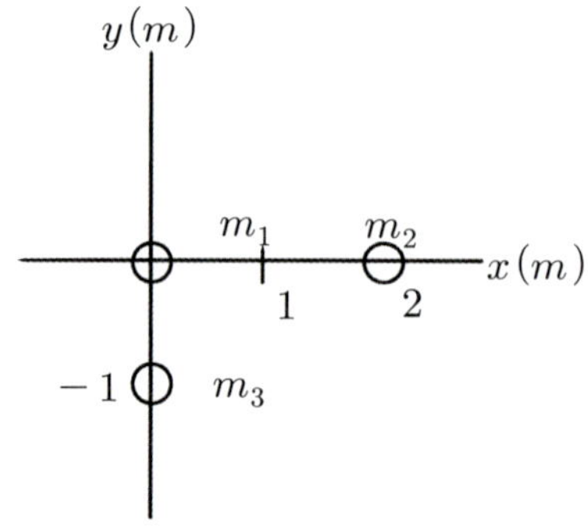

답 입자 2가 입자 1에 작용하는 중력 $\vec{F}_{12}$와 입자 3이 입자 1에 작용하는 중력 $\vec{F}_{13}$의 벡터합을 구하면 된다.

F_{13}는 y의 (−)방향

$$\vec{F}_{12} = \frac{Gm_1m_2}{r_{12}^2} = \frac{(6.67\times10^{-11})(4.0)(2.0))}{2^2} = 1.3\times10^{-10}\,N$$

$$\vec{F}_{13} = \frac{Gm_1m_3}{r_{13}^2} = \frac{(6.67\times10^{-11})(4.0)(2.0))}{1^2} = 5.3\times10^{-10}\,N$$

$\vec{F}_{1,net}$는 아래 그림과 같고 그 크기는

$$\vec{F}_{1,net} = \sqrt{(F_{12})^2 + (-F_{13})^2}$$

$$= \sqrt{(1.3\times10^{-10})^2 + (-5.3\times10^{-10})^2)}$$

$$= 5.5\times10^{-10}\,N$$

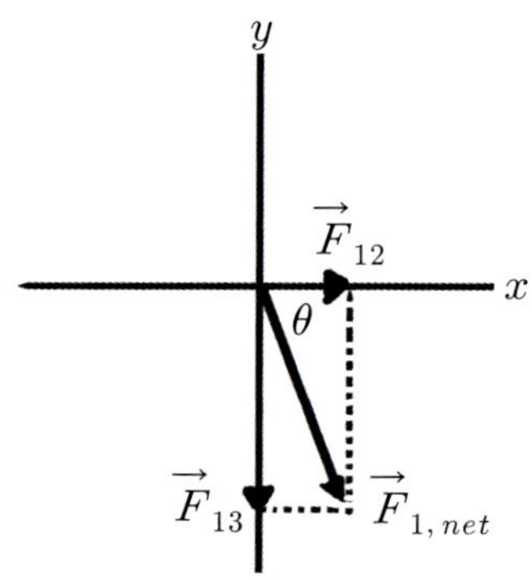

각도 θ는 $\tan\theta = \frac{F_{13}}{F_{12}}$,

$$\theta = \tan^{-1}\frac{-F_{13}}{F_{12}} = \tan^{-1}(-4.1) = -76°$$

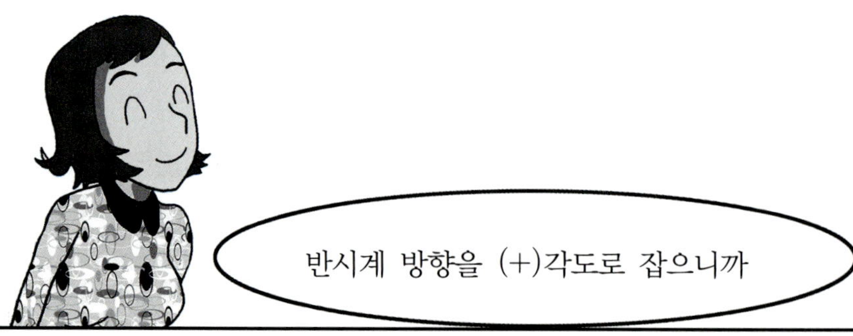

퀴즈 2 미라의 질량은 50 kg 이다.

(a) 지면에서의

(b) 달 표면에서의 미라의 몸무게를 구하라.

(c) 미라가 지면에서 몇 m 떨어진 지점의 몸무게가 달 표면에서의 몸무게와 같아지겠는가?

단, 지구의 질량 $M = 6.0 \times 10^{24}$ kg이다.

답 몸무게는 ma_g(a_g는 중력가속도)

(a) 지면에서의 $a_g = 9.8\ \text{m/s}^2$, 따라서 지면에서의 몸무게는 $(50\ \text{kg})(9.8\ \text{m/s}^2) = 490\ \text{N}$

(b) 달 표면에서의 중력가속도는 지면의 $\frac{1}{6}$, 따라서 달 표면에서의 몸무게는

$$(50\ \text{kg})(9.8\ \text{m/s}^2)\left(\frac{1}{6}\right) = 82\ \text{N}$$

(c) 지면에서의 중력가속도 a_g는

$$a_g = \frac{GM}{r^2}$$

이 중력가속도가 $\frac{1}{6}$이 되는 거리 r을 구하면

$$\frac{1}{6}a_g = \frac{GM}{r^2},\quad r^2 = \frac{6GM}{a_g}$$

$$r = \sqrt{\frac{6GM}{a_g}} = \sqrt{\frac{6(6.67 \times 10^{-11})(6.0 \times 10^{24})}{9.8}}$$

$$\approx 2.5 \times 10^7\ \text{m}$$

이것은 지구 중심에서의 거리니까,

여기서 지구 반경 (6.37×10^6 m)를 빼야

지면으로부터의 거리니까.

$2.5 \times 10^7 - 6.3710^6 \approx 1.9 \times 10^7$ m

퀴즈 3 그림과 같이 북극에서 남극으로 좁은 홈을 판 후, 지구 중심으로부터 거리 r인 지점에 질량 m인 입자를 위치시켰을 때 입자에 작용하는 중력을 구하라. 단 지구는 밀도가 ρ인 균일한 공이라고 가정하라.

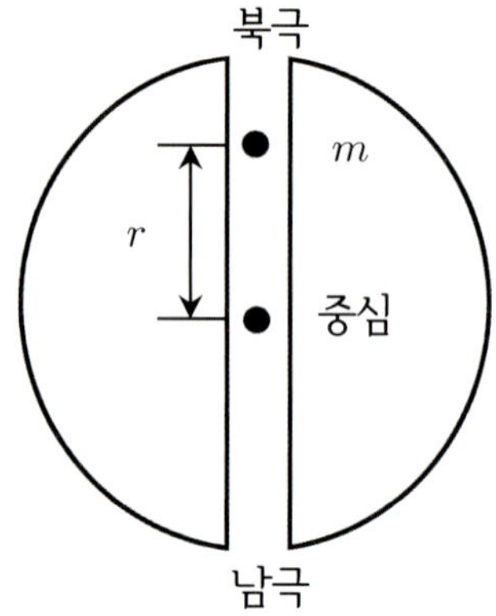

답 뉴턴의 껍질정리에 의하면 입자 바깥부분이 입자에 작용하는 알짜힘은 영이다.

따라서 반경 r인 공 내부가 입자에 작용하는 중력을 구하면 된다.

중력 $F=\dfrac{GMm}{r^2}$

M은 반경 r인 공의 질량

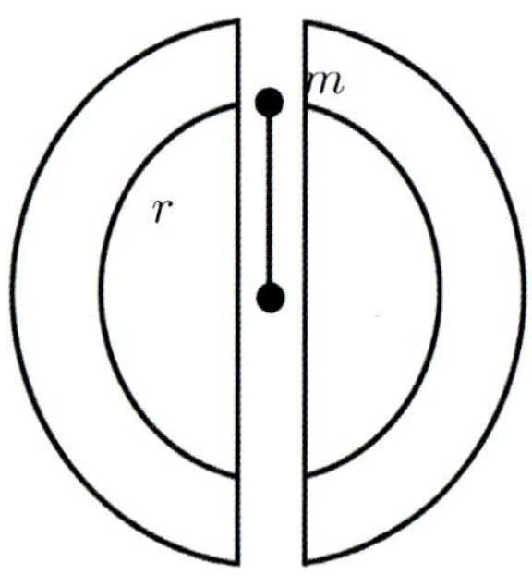

이 부분이 작용하는 알짜힘은 영

밀도 $\rho=\dfrac{M}{V}$이므로

V는 반경 r인 공의 부피

$M=\rho V=\rho\dfrac{4\pi r^3}{3}$

대입하면

$$F=\frac{Gm\rho\dfrac{4\pi r^3}{3}}{r^2}=\frac{4\pi Gm\rho}{3}r$$

이 된다.

이 식은 $\dfrac{4\pi Gm\rho}{3}=K$로 놓으면

$F=Kr$이 되어

스프링에 관한 훅크의 법칙과 같은 식이니까

입자는 지구 중심을 중심으로

진동하겠네요.

퀴즈 4 지구에 대한 상대속력 16 km/s의 소행성이 지구 중심에서 지구 반경의 14배의 거리로부터 지구를 향해 날아오고 있다.
지구 대기에 의한 마찰을 무시하고 소행성이 지표면에 도달할 때의 속력을 구하라.

답 소행성-지구계의 역학에너지는 보존된다.
즉 (최종역학에너지)=(초기역학에너지)

$K_f + U_f = K_i + U_i$

또, 고립계이므로 운동량도 보존되나, 지구의 질량이 소행성보다 매우 크므로 지구의 속력 변화는 무시하고 소행성만의 운동에너지만 생각한다. 따라서

v_f, v_i : 최종 및 초기속도
M, m : 지구 및 소행성의 질량
R_E : 지구의 반경
(6.37×10^6 m)

$$\frac{1}{2}mv_f^2 - \frac{GMm}{R_E} = \frac{1}{2}mv_i^2 - \frac{GMm}{14R_E}$$

$$v_f^2 = v_i^2 + \frac{2GM}{R_E}\left(1 - \frac{1}{14}\right)$$

$$= (16 \times 10^3)^2 + \frac{2(6.67) \times 10^{-11})(5.98 \times 10^{24})}{6.37 \times 10^6}\left(1 - \frac{1}{14}\right)$$

$$= 2.56 \times 10^8 + 1.16 \times 10^8$$

$$\approx 3.72 \times 10^8$$

$$v_f = \sqrt{3.72 \times 10^8} \approx 1.9 \times 10^4 \text{ m/s}$$

$$= 19 \text{ km/s}$$

퀴즈 5 태양 주위를 도는 어떤 혜성의 주기가 68년이고 근일점거리 R_p는 4.6×10^{10} m이었다. 이 혜성의 원일점거리 R_a를 구하라.

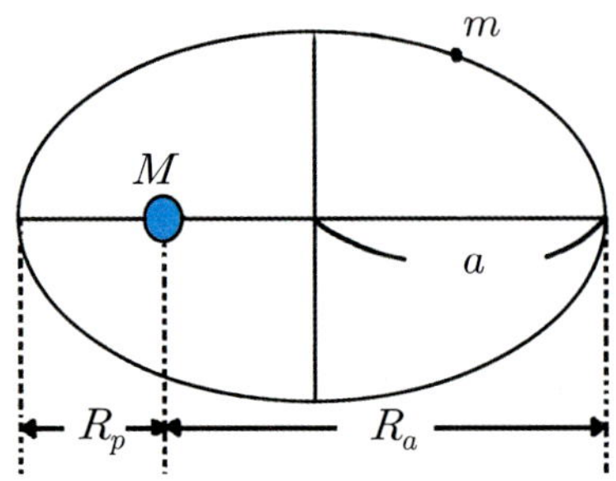

근일점은
태양에서 가장 가까울 때,
원일점은 가장 멀 때,
a는 타원의 장축

답 $R_p+R_a=2a,\ R_a=2a-R_p$

그리고 케플러의 주기법칙에 의해서

$$T^2=\left(\frac{4\pi^2}{GM}\right)a^3$$

따라서

$$a=\left(\frac{GMT^2}{4\pi^2}\right)^{1/3}=\left(\frac{(6.67\times10^{-11})(1.99\times10^{30})(2.1\times10^{9})^2}{4(3.14)^2}\right)^{1/3}$$

$$=2.5\times10^{12}\ \text{m}$$

그러므로 원일점거리 R_a는

$$R_a=2a-R_p$$
$$=2(2.5\times10^{12})-(4.6\times10^{10})$$
$$=4.6\times10^{12}\ \text{m}$$

태양의 질량 $M=1.99\times10^{30}$ kg
주기 $T=68$년
=(68년)(365일/년)(24시간/일)
(3600초/시간)$=2.1\times10^{9}$ s

퀴즈 6 질량 $m=1100$ kg의 통신위성이 고도 36000 km에서 지구 주위의 원궤도를 돌 때

(a) 위성의 중력퍼텐셜에너지

(b) 운동에너지

(c) 역학에너지를 구하라.

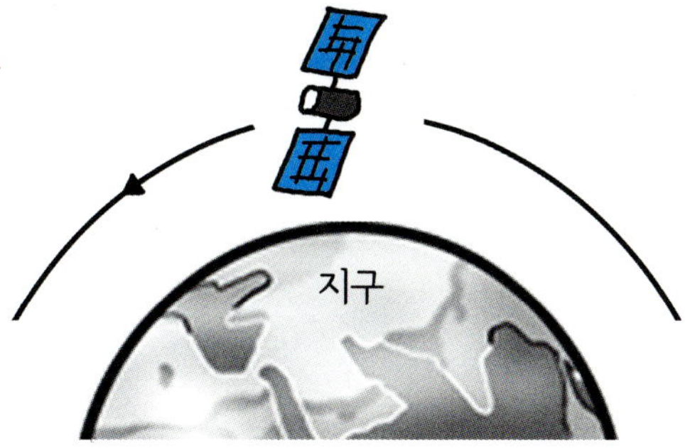

답 (a) 중력퍼텐셜에너지는

$$U=-\frac{GMm}{r}$$

여기서 r은 지구 중심으로부터 위성까지의 거리이므로

r=지구반경+고도$=6370$ km$+36000$ km$=42{,}370$ km

$=4.2\times10^{7}$ m

지구의 질량 $M=5.98\times10^{24}$ kg

따라서

$$U=-\frac{(6.67\times10^{-11})(5.98\times10^{24})(1100)}{4.2\times10^{7}}$$

$=-1.0\times10^{10}$J

(b) 운동에너지는

$$K=\frac{GMm}{2r}=-\frac{U}{2}=5.0\times10^{9}\text{ J}$$

(c) 역학에너지는

$$E=U+K=-\frac{GMm}{2r}=-K=-5.0\times10^{9}\text{ J}$$

고전역학, 열역학, 일반물리학

2. 유체

밀도와 압력
유체가 뭔지 아니?
기체와 액체를 유체라고 하잖아요.
흐르는 물체
고체와 다른 점은 뭐겠니?
고체는 원자들이 강한 스프링들로 연결되어 3차원적으로 배열되어 있지만 유체는 이런 장주기 배열이 없죠.
고체에서는 질량과 힘이 중요한 물리량이었는데, 유체는 널리 퍼져 있고 위치에 따라 특성이 변해서 밀도와 압력을 사용하는 것이 편리하단다.

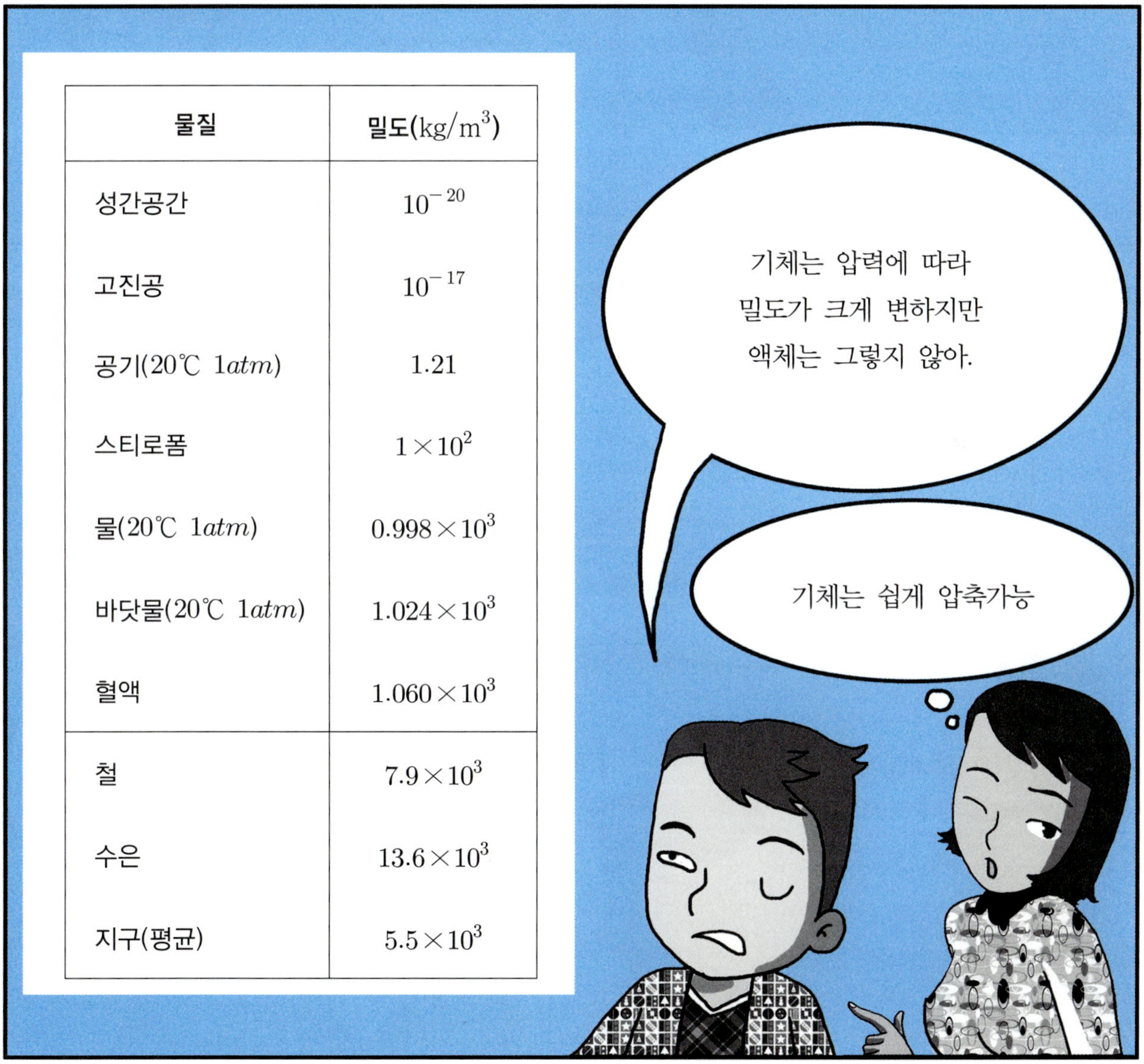

물질	밀도(kg/m^3)
성간공간	10^{-20}
고진공	10^{-17}
공기(20℃ 1atm)	1.21
스티로폼	1×10^2
물(20℃ 1atm)	0.998×10^3
바닷물(20℃ 1atm)	1.024×10^3
혈액	1.060×10^3
철	7.9×10^3
수은	13.6×10^3
지구(평균)	5.5×10^3

압력 p는
$p=\frac{F}{A}$ 로 정의해.
F 힘
A 면적
압력은 스칼라량이야. 예를 들어 물속에 떠 있는 고무공은 온 방향에서 압력을 받기 때문이지.
물
압력의 단위는 N/m^2이겠네요.
그걸 Pa(파스칼)이라고 불러
$N/m^2=Pa$
다른 단위를 쓰기도 하는데
$1\ atm$(기압)
$=1.01\times10^5\ Pa$
$=760\ torr(=mmHg)$
$=147\ lb/m^2(=psi)$
lb 파운드
psi 프사이

	압력(Pa)
지구의 중심	4×10^{11}
실험실 최대 압력	1.5×10^{10}
깊은 바닷속	1.1×10^{8}
자동차 타이어	2×10^{5}
해수면의 대기압	1.0×10^{5}
정상적인 혈압	1.6×10^{4}

y
공기
$y = 0$
물
$\vec{F}_2$
y_1
y_2
$\vec{F}_1$
$m\vec{g}$
자, 깊이에 따른 압력을 계산해 보자.
수직축을 y축으로 잡고, 위쪽이 양의 방향이고 수면을 원점($y=0$)잡았어. 밑면의 면적이 A인 가상의 원통(점선)을 생각하는 거야.
물은 정지해 있으니까. 정적평형상태에 있겠지? 이때 작용하는 힘들은 어떻게 되겠니?
수직으로 작용하는 힘만 생각하면 되겠네요.
1. 원통위에 있는 물이 원통 윗면에 작용하는 힘 $\vec{F}_1$
2. 원통아래 있는 물이 원통 아랫면에 작용하는 힘 $\vec{F}_2$
3. 원통 안에 있는 물에 작용하는 중력 $m\vec{g}$
m원통 안 물의 질량

이 세 힘이
평형을 이루니까
방향을 고려하면
$F_2 = F_1 + mg$
압력으로 바꾸기 위해서
$p = \frac{F}{A},\ F = pA$
를 쓰면
$p_2 A = p_1 A + \rho A g(y_1 - y_2)$ (*)
면적은 모두 A니까
여기서
$mg = \rho A g(y_1 - y_2)$
가 된 이유는
밀도 $\rho = \frac{m}{V},\ m = \rho V$
원통의 부피 V는
y_1
y_2
A

V=밑면적(A)×높이
$(y_1 - y_2)$
따라서 대입하면
$m = \rho A(y_1 - y_2)$
그런데 mg니까
$mg = \rho Ag(y_1 - y_2)$
(*)식에서 A를 소거하면
$p_2 = p_1 + \rho g(y_1 - y_2)$
후~
이 식을 이용하면
액체 속에서 깊이에 따른 압력뿐만 아니라
대기에서 높이에 따른 압력도
구할 수 있어.
잘한다.

공기
y
$y=0$
y_1
y_2
h
물
예를 들어 수면 아래 깊이 h인 위치에서의 압력 p를 구해봐라.
이 경우에는 $y_1=0$, $y_2=-h$네요.
수면을 원점으로 잡았으니까 수면 아래는 (−)
이것을 $p_2=p_1+\rho g(y_1-y_2)$ 에 대입하면 $p_2=p_1+\rho g(0-(-h))$ $=p_1+\rho gh$

여기서 $p_2 = p$, $p_1 = \rho_0$라고 놓으면
$p = p_0 + \rho g h$
가 됩니닷!
p_0 : 공기에 의한 압력

결국 액체 속의 압력은 깊이에만 의존하고 수평적인 크기와는 무관하네요.
정적 평형상태인 유체 내의 한 점에서의 압력은 깊이에만 의존하고 유체나 유체가 담긴 그릇의 수평적 크기나 위치와는 무관하다.
그렇지.

앞에서 구한 식
$p = p_0 + \rho gh$
에서 p를 **절대압력**
이라고 해.
p_0 : 대기압
ρgh : 액체의 압력
절대압력과 대기압의 차이를
계기압력이라고 하지.
따라서 계기압력
$= \rho gh$
또 앞에서 구한
$p_2 = p_1 + \rho g(y_1 - y_2)$
는 공기에 의한 압력에도
적용할 수 있어.
공기 밀도는
일정하다고 가정

이번에 수면 위의 공기 쪽에 가상의 원통을 생각해서,
$y_1 = 0$, $y_2 > 0$이어서 $y_2 > y_1$이므로 y_2가 위에 있음.
수면 위 d높이에서의 대기압을 구해봐라.
y_2
d
y
공기
0
$y = 0$
y_1
물
앞에서는 $y_1 = 0$, $y_2 < 0$이어서 $y_1 > y_2$이므로 y_1이 위에 있었음.
이 경우에는 $y_2 = d$, $y_1 = 0$이니까 대입하면 $p_2 = p_1 + \rho g(0 - d)$ $= p_1 - \rho gd$
$p_2 = p$, $p_1 = 0$이라고 놓으면
$p = p_0 - \rho gh$
대기압은 올라갈수록 감소하네요.

압력의 측정
대기압을 측정하는 장치로는 수은기압계라는 것이 있어.
이렇게 생긴 것 말이죠?
$p_2 = 0$
y_2
수은
h
대기압
$p_1 = p_0$
y_1
빗금 친 부분이 수은인데 대기압이 그림과 같이 수은 표면을 누르니까 그 압력에 의해서 긴 유리관 속으로 수은이 올라가는 거잖아요.

그림과 같이 설정하고
대기압 p_0를 측정하려는 거야.
$p_2 = p_1 - \rho g d$
인데,

$p_2 = 0$
긴 유리관 위쪽은 진공(압력 $= 0$))
$p_1 = p_0$로 놓고
$d = h$로 놓으면
$0 = p_0 - \rho g h$

따라서 $p_0 = \rho g h$
ρ : 수은의 밀도
$g = 9.8\ \mathrm{m/s^2}$
수은 기둥의 높이를 재면
대기압을 알 수 있군요.

0℃에서 수은 기둥을 mm로 측정하면 그것이 mmHg = torr가 되는 거야.
유리관의 단면적과는 무관
다른 장치로는 열린관 압력계라는 것이 있어.
p_0
p
h
기체
이것은 기체의 압력 p에서 대기압 p_0를 뺀 계기압력 p_g을 측정하는 장치야.
$p_g = p - p_0 = \rho g h$
위의 식은 $p_2 = p_1 - \rho g h$ 을 변형한 것임.

액체(빗금 친 부분)의 밀도 ρ를 알고 높이를 재면 계기압력 p_g를 측정할 수 있군요.
파스칼의 원리
뭐하니?
여드름이 나서 연고 바르려고요.
연고 한쪽 끝을 누르면 다른 쪽 끝에서 약이 나오는 것은 파스칼의 원리 때문이야.
파스칼의 원리?

파스칼의 원리
갇혀 있는 비압축성 유체에 가해진 압력은 유체의 모든 부분과 유체를 담고 있는 그릇의 모든 부분에 똑같이 전달된다.
파스칼
비압축성 유체가 뭐예요?
액체를 말해. 액체는 압축이 잘 안되잖아.

금괴
p_{ext}
피스톤
h
액체
p
P
파스칼 원리의 예에는 어떤 것이 있어요?
액체가 들어 있는 통에 피스톤을 설치하고 금괴를 올려놔봐. 그러면 액체 내의 점 P에는 대기+피스톤+금괴에 의한 외부압력 p_{ext}과 P점 위의 액체에 의한 압력 ρgh가 작용하겠지?
네, 그러면 점 P에서의 압력 p는 $p = p_{ext} + \rho gh$ 가 되네요.
ext : external (외부)

금괴를 하나 더 올려놔 봐.
으이싸,
올렸어요.
p ext
h
액체
p
P
그러면 점 P 위의
액체의 압력은 그대로 있고
ρ, g, h는 변하지 않으니까
외부 압력 p_{ext}만
Δp_{ext}만큼 증가하겠지?
따라서
점 P에서의 압력변화 Δp는
$\Delta p = \Delta p_{ext}$
되는데

이 압력 변화는 h와 무관하니까, 이 관계는 액체 내의 모든 점에서 성립하겠네요.
Δp_{ext}를 가해진 압력이라고 하면 이것은 액체뿐만 아니라 액체를 담은 통에도 전달되겠지?
그래서 갇혀 있는 비압축성 유체에 가해진 압력은 유체의 모든 부분과 유체를 담고 있는 그릇의 모든 부분에 똑같이 전달되는군요.
파스칼의 원리 여드름 연고의 원리?

저 자동차를 한번 들어 봐라.
제가 자동차를 어떻게 들어요.
이 유압펌프를 써봐.
어, 들리네요!
끼이
들썩
끼익
유압펌프가 어떻게 큰 힘을 내는지 아니?
혹시 파스칼의 원리?

입력 $\vec{F}_i$
출력 $\vec{F}_0$
면적 A_i
면적 A_0
기름
유압펌프를 단순화하면 이와 같아.
네가 펌프를 누르는 힘을 압력 $\vec{F}_i$라고 하고 자동차 쪽으로 나오는 힘을 출력 $\vec{F}_o$라고 하자. 내가 가한 압력은 얼마겠니?
i : inpnt(입력) o : outpnt(출력)
압력은 힘/면적이니까 F_i/A_i겠네요.
이 압력은 자동차 쪽으로도 그대로 전달되니까 $\frac{F_i}{A_i}=\frac{F_o}{A_o}$ 자동차 쪽 압력
파스칼 원리

따라서
$F_o = F_i \frac{A_o}{A_i}$
그런데 $A_o > A_i$이니까
자동차 쪽의 면적이
더 크니까
$F_o > F_i$가 되어서
입력 F_i보다
더 큰 출력 F_o를 얻는군요!
그리고
또 입력 쪽에서 눌러지는
액체의 부피는
출력 쪽에서 늘어나는
액체의 부피와 같겠지?
$A_i d_i = A_o d_o$
d_i : 입력 쪽
피스톤이 내려간
길이
d_o : 출력 쪽
피스톤이 올라간
길이

따라서
$d_0 = d_i \frac{A_i}{A_0}$
그런데 $A_0 > A_i$니까 $d_0 < d_i$,
즉 출력 쪽 피스톤이 올라가는 길이는
입력 쪽보다 작아.
그러니까
자동차를 어느 정도 들어 올리려면
(d_0를 어느 정도 크게 하려면)
작은 입력 F_i로
여러 번 펌프질(d_i를 크게)을
해야 하는 거구나!
이때
출력피스톤이 한 일은
$\omega = F_o d_o = \left(F_i \frac{A_o}{A_i}\right)\left(d_i \frac{A_i}{A_o}\right)$
$= F_i d_i$
로 입력피스톤이
한 일과 같아.
한 일은 같구나.

아르키메데스의 원리
어항 물속에 손을 넣어서 나무토막을 가만히 놔봐.
떠오르네요.
왜, 그럴까?
부력 때문이야.
부력은 왜 생기는 걸까?
물의 압력(ρgh)이 깊이에 따라 증가하기 때문이죠.

나무토막 밑면에서는
그 깊이만큼의 압력이
사방으로 작용하니까
밑면에도 그만큼의 압력이
작용하고,
나무토막
표면보다
밑면의 깊이가 큼
윗면은 깊이가 작으니까
보다 작은 압력이 작용해서
부력이 생기는 거죠.
옆면에 작용하는 압력은?
깊이가 같은 것끼리
서로 상쇄되죠.
그러니까 위로만
부력작용

이번에는 돌멩이를 넣어봐.
그거야 당연히 가라앉죠.
왜 그렇지?
돌멩이에 작용하는 부력이 중력보다 작기 때문이죠.
그럼 이번에는 얇은 비닐봉지에 물을 넣은 것을 넣어봐.
그대로 떠 있는데요.
물이니까 당연

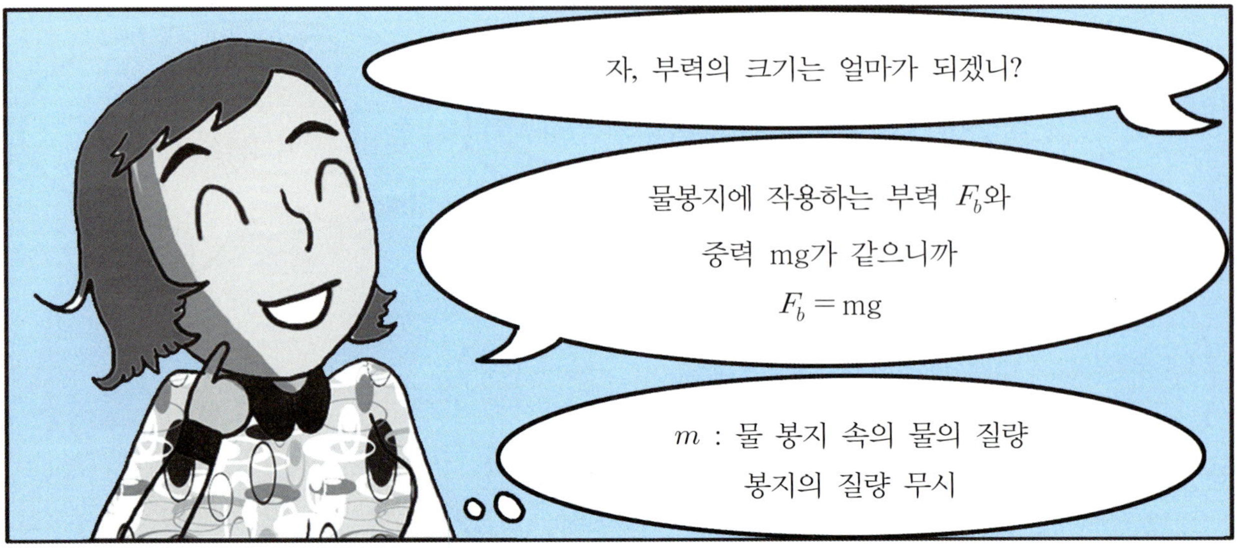
자, 부력의 크기는 얼마가 되겠니?
물봉지에 작용하는 부력 F_b와 중력 mg가 같으니까 $F_b = mg$
m : 물 봉지 속의 물의 질량 봉지의 질량 무시

b : buoyancy 부력
앞의 나무토막과 돌멩이의 경우에는 그것들의 부피에 해당하는 물의 질량 $\times g$의 부력이 작용한단다.

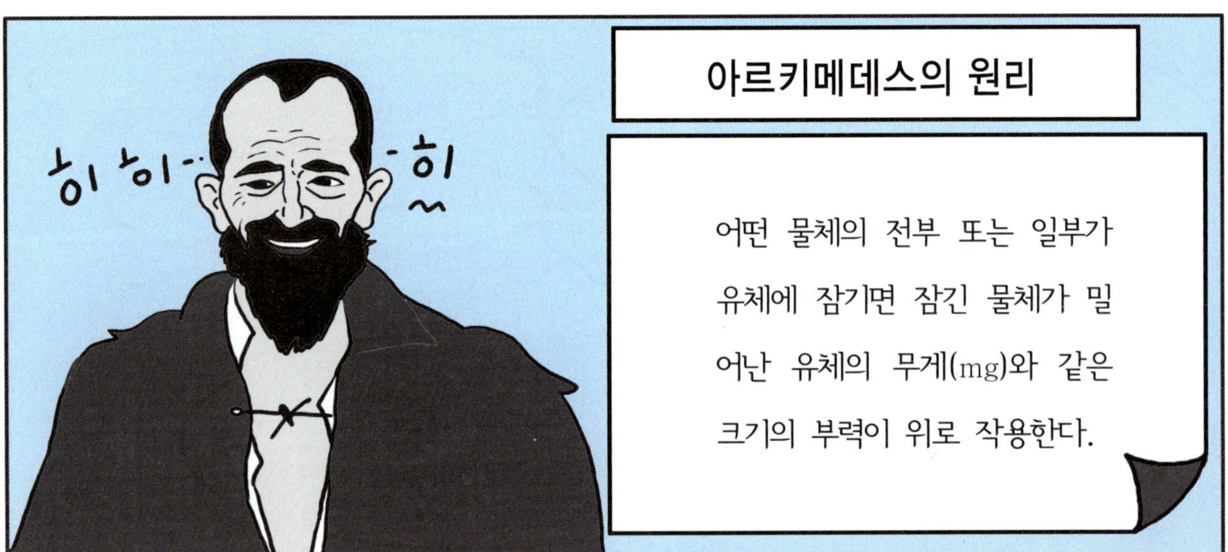
히 히~ 힛~
아르키메데스의 원리
어떤 물체의 전부 또는 일부가 유체에 잠기면 잠긴 물체가 밀어난 유체의 무게(mg)와 같은 크기의 부력이 위로 작용한다.

앞의 나무토막으로 돌아가서,
나무토막이 물속에 있을 때는
부력 F_b가 중력 F_g보다 커서
점점 위로 올라오지?
네, 그러다가
부력 F_b가 중력 F_g와 같아져서
떠 있는 거죠.
즉, 정적평형상태
그러니까 어떤 물체가 유체에 떠
있으면 물체에 작용하는 부력과
중력의 크기는 같다.
$F_b = F_g$

또 이 경우에도 F_b = mg니까
어떤 물체가 유체에 떠 있으면 물체에 작용하는 중력의 크기와 물체에 의해서 밀려난 유체의 무게는 같다.
F_b = mg
m : 유체의 질량
물체를 유체에 넣으면 무게가 가벼워지잖아? 이 무게를 겉보기 무게라고 해.
그러면 겉보기무게=실제무게−부력의 크기 겠네요.
떠 있는 물체는 겉보기 무게가 영

이제까지
말은 안했지만
우리가 생각하는 유체는
이상유체야.
이상적인 유체
이상유체는 정상흐름이며
비압축성 흐름을 가져.
유체 속의
한 지점에서
속도의 방향과 크기가
같음.
밀도가 균일
그리고 비점성 흐름이고
비회전흐름의 거동을 갖지.
꿀은 물보다 점성이 크지?
점성은 마찰과 같이
열에너지로 변환시키는
작용을 해.

비회전흐름이란
나뭇잎을 강물에 띄우면
원형궤적을 그릴 수는 있지만,
자전을 하지
않는다는 거야.
흐르는 강물에
빨간 잉크를 떨어뜨리면
유체의 흐름을 볼 수 있는데
이것을 유선이라고 한단다.
돌
강물
빨간 잉크
유선
$\vec{v}$
또, 유체의 속도는
항상 유선의 접선방향이지.

연속방정식
호스를 눌러봐.
물이 세게 나오네요.
꾹
쏴아
왜 세게 나올까?
단면적이 작아져서요.
세다는 건
속도가 커지는 것

그걸 식으로 나타내 볼까?
우선 같은 단면적을 가진 관을 생각하자.
속도 v의 유체요소가
시간 Δt 동안 이동한 거리 Δx는
$\Delta x = v\Delta t$
요소 :
작은 부분
v
Δt
그러면
Δt 동안 이동한 유체의 부피 ΔV는
$\Delta V = A\Delta x = Av\Delta t$
이제
단면적이 다른 관을
생각해 보자.
단면적이 다르더라도
같은 시간 Δt 동안 이동한
유체의 부피는
같다는 것이 포인트야.

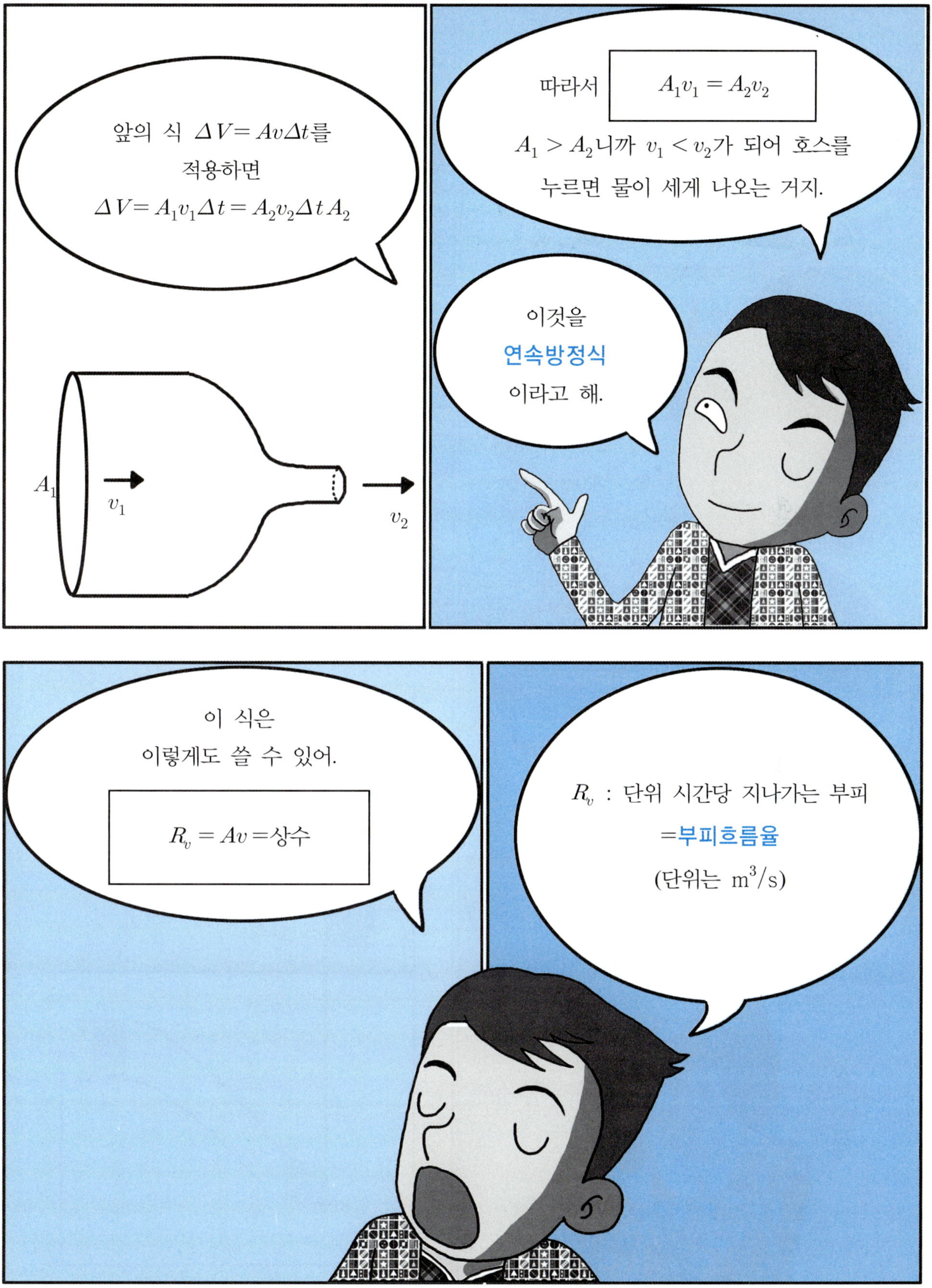
앞의 식 $\Delta V = Av\Delta t$를 적용하면 $\Delta V = A_1 v_1 \Delta t = A_2 v_2 \Delta t A_2$
A_1
v_1
v_2
따라서 $A_1 v_1 = A_2 v_2$
$A_1 > A_2$니까 $v_1 < v_2$가 되어 호스를 누르면 물이 세게 나오는 거지.
이것을 연속방정식이라고 해.
이 식은 이렇게도 쓸 수 있어.
$R_v = Av =$상수
R_v : 단위 시간당 지나가는 부피 =부피흐름율 (단위는 m^3/s)

유체의 밀도 ρ가 균일하면
$\rho=\frac{m}{V}$, $m=\rho V$니까, 위의 식
$\Delta V=A_1V_1\Delta t=A_2V_2\Delta t$에 ρ를
곱하면 $\rho\Delta V=\rho A_1v_1\Delta t=\rho A_2v_2\Delta t$
질량
따라서
$\rho A_1v_1=\rho A_2v_2$
이 식은 다음과 같이 쓸 수 있지.
$R_m=\rho Av=$상수
R_m : 단위 시간당
지나가는 질량
=질량흐름율
(단위는 kg/s)

베르누이 방정식
이번에는
좀 더 복잡한 것을 해 보자.
수도관에 이상유체가
일정하게 흐르고 있고 관이
이렇게 생긴 경우야.

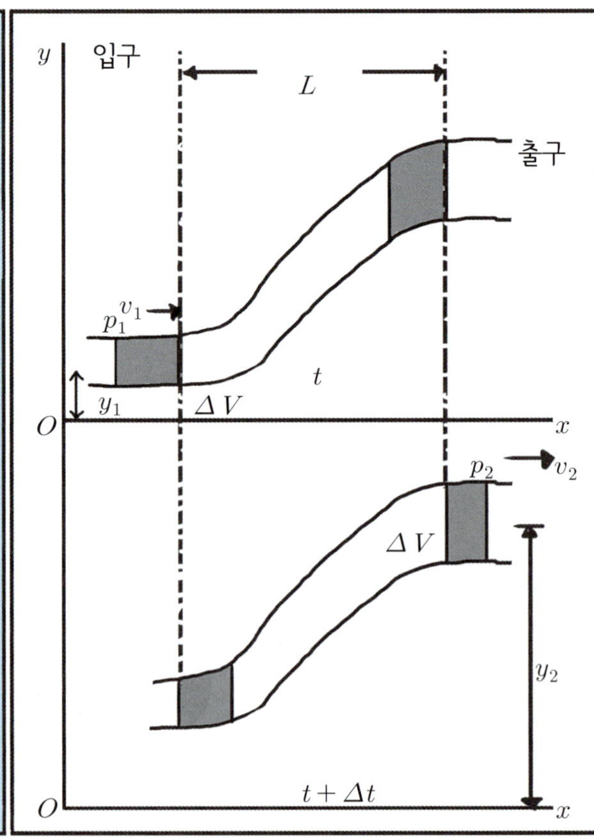
y
입구
L
출구
p_1 v_1
t
y_1
ΔV
O
x
p_2 v_2
ΔV
y_2
$t+\Delta t$
O
x

시간 Δt 동안
부피 ΔV만큼의 유체가
왼쪽에서 들어오고,
같은 부피만큼
오른쪽으로 나가지?
여기에
일-운동에너지 정리를 적용해서
베르누이 방정식을 유도해
보자꾸나.
한 일=운동에너지 변화
$W=\Delta K$
길의 L의 유체를
계라고 생각
한 일은 두 가지
1) 입구 높이(y_1)과 출구높이(y_2)가
다르니까 중력이 한 일 W_g
2) 입구에서는 유체를 밀어 넣기 위해서
한 일 + 출구에서 밀려나기 위해서
유체가 한 일 W_p
운동에너지 변화는
양쪽 끝에서의
속력의 차이에서 생기므로
$\Delta K = \frac{1}{2}\Delta m v_2^2 - \frac{1}{2}\Delta m v_1^2$
$= \frac{1}{2}\rho \Delta V(v_2^2 - v_1^2)$
여기서
$\Delta m(=\rho\Delta v)$은
시간 Δt 동안
입구로 들어오는
(=출구로 나가는)
유체의 질량

1) 중력 $\Delta m\vec{g}$가 한 일 W_g는
$W_g=-\Delta mg(y_2-y_1)$
힘 × 거리
$=-\rho\Delta vg(y_2-y_1)$
$\Delta m=\rho\Delta v$니까
y_2 변위 d
y_2-y_1
y_1
180°
Δmg
중력 F
(−)가 된 이유는
중력은 아래로 작용하고
변위는 위방향이기
때문이네요.
일 $W=Fd\cos\theta$
$\theta=180°$, $\cos 180°=-1$
$W=-Fd$
2) 크기 F인 힘이 단면적 A인
관 속의 유체를 거리 Δx만큼
움직였을 때 한 일 ω는
$W=F\Delta x$
일=힘×거리

입구 쪽에서
유체를 밀어 넣기 위해 한 일 W_{p1}은
$W_{\rho 1} = F_1 \Delta x \cos\theta$
$= F_1 \Delta x_1$
Δx_1
$\vec{F}_1$
힘
변위
힘과 변위 방향 동일
$\rightarrow \theta = 0,\ \cos 0 = 1$

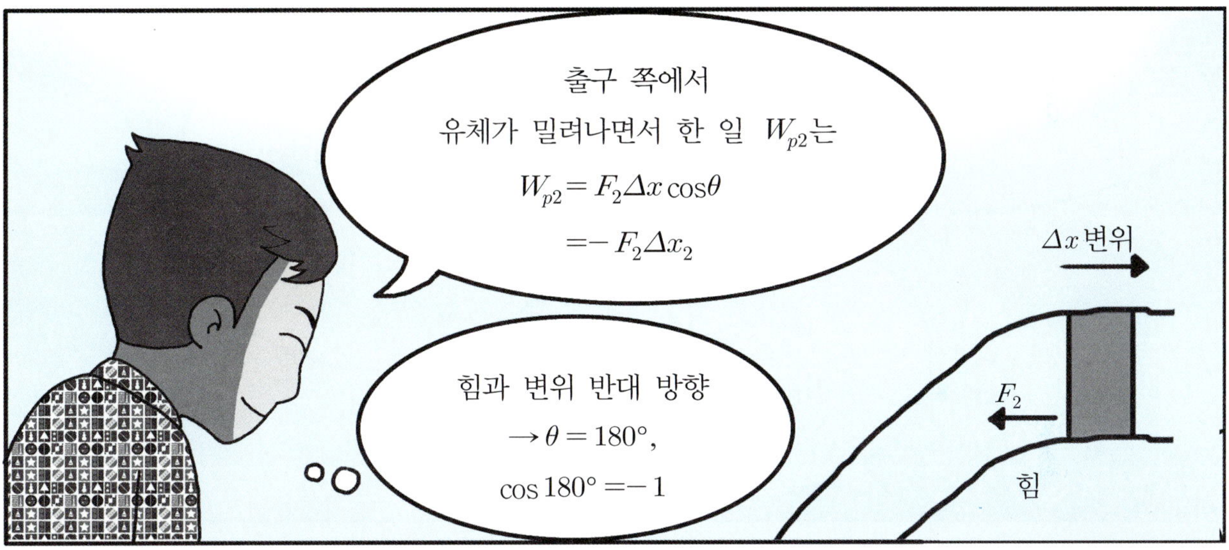

출구 쪽에서
유체가 밀려나면서 한 일 W_{p2}는
$W_{p2} = F_2 \Delta x \cos\theta$
$= - F_2 \Delta x_2$
Δx 변위
F_2
힘
힘과 변위 반대 방향
$\rightarrow \theta = 180°$,
$\cos 180° = -1$

한편,
압력 $p = \dfrac{F(\text{힘})}{A(\text{면적})}$,
따라서 $F = pA$
식 $W = F\Delta x$에 대입하면
$W = pA\Delta x = p\Delta V$
A
ΔV
Δx
$A\Delta x = \Delta V$

식 $W = p\Delta V$를
$W_{p1} = F_1 \Delta x_1$
$W_{p2} = F_2 \Delta x_2$
에 적용하면
$W_{p1} = p_1 \Delta V_1$
$W_{p2} = -p_2 \Delta V_2$
그런데
$\Delta V_1 = \Delta V_2$이므로
밀려들어간 부피
=밀려나간 부피
$W_{p1} = p_1 \Delta V$
$W_{p2} = -p_2 \Delta V$
따라서 2)번이 한 일 W_p는
$W_p = W_{p1} + W_{p2}$
$= p_1 \Delta V - p_2 \Delta V$
$= -(p_2 - p_1)\Delta V$

총 한 일 W는
1)번이 한 일
$W_g = -\rho \Delta V g(y_2 - y_1)$과
2)번이 한 일
$W_p = -(p_2 - p_1)\Delta V$
의 합이므로
$W = -\rho \Delta V g(y_2 - y_1)$
$-(p_2 - p_1)\Delta V$
이 W가 운동에너지
변화 ΔK와 같아야 하므로
$(W = \Delta K)$
$\Delta K = \frac{1}{2}\rho \Delta V(v_2^2 - v_1^2)$
$-\rho \Delta v g(y_2 - y_1) - (p_2 - p_1)\Delta v$
$= \frac{1}{2}\rho \Delta v(v_2^2 - v_1^2)$
양변에서 ΔV를 소거하면
$-\rho g(y_2 - y_1) - (p_2 - p_1) = \frac{1}{2}\rho(v_2^2 - v_1^2)$
이 식을 아래첨자 1과 2에 대해 정리하면
$\rho g y_1 + \rho_1 + \frac{1}{2}\rho v_1^2 = \rho g y_2 + \rho_2 + \frac{1}{2}\rho v_2^2$
이것이 베르누이 방정식이야!

앞의 식은
$\rho gy + \rho + \frac{1}{2}\rho v^2 =$상수
라고 쓸 수도 있지.
이것도 베르누이 방정식
베르누이 방정식은
새로운 법칙이 아니라
이미 알려진
일-운동에너지 정리($W = \Delta K$)
를 유체(역학)에
적용한 것이군요.
만약에 유체가 정지해 있다면
베르누이방정식
$\rho gy_1 + \rho_1 + \frac{1}{2}\rho v_1^2$
$= \rho gy_2 + \rho_2 + \frac{1}{2}\rho v_2^2$
에 $v_1 = v_2 = 0$을 대입하여
$\rho gy_1 + p_1 = \rho gy_2 + p_2$

$p_2 = p_1 + \rho g(y_1 - y_2)$
가 되어 앞에서
(정지해 있는 유체의 압력에서)
구한 식과
같은 식이 된단다.
또 유체의 높이가 변하지 않는다면
위 식에 $y_1 = y_2 = y$로 놓아서
$\rho_1 + \frac{1}{2}\rho v_1^2 = \rho_2 + \frac{1}{2}\rho v_2^2$
이 되는군요.
중력에 의한 항이 없어짐.
이 식이 의미하는 것은
수평인 관(유선)을 따라 유체(요소)가 움직이면서 속력이 빨라지면 유체의 압력은 감소해야 하고 그 역도 성립한다.

이 속력 v과
압력 p 사이의 관계는
너비가 다른 관을 지나가는
유체를 생각해 보면
쉽게 이해할 수 있어.
p 대
p 소
v 소
v 대
유체가
넓은 곳에서
좁은 곳에 다다르면
뒤쪽의 압력이
앞쪽의 압력보다 높기 때문에
유체를 밀어서
더 빠른 속력으로
좁은 곳을 지나가게
가속시키는군요.
p 소
p 대
v 대
v 소
반대로
좁은 곳에서 넓은 곳에 다다르면,
앞쪽의 높은 압력이
유체를 감속시켜서
넓은 곳을 지날 때는
더 느린 속력이
되는 것이네요.

휘이잉
아유~ 추워.
무슨 바람이
이렇게 세.
빌딩 사이에 바람,
골목이 바람이 센 이유는
이와 같은 현상이
일어나기 때문이지.
호호호...
빨리
넓은 쪽으로 나가자.
후다닥

퀴즈 1 밑면적이 3.3m^2이고 높이가 2.6m인 20℃ 방 안의 공기 압력이 1.0 기압(atm)일 때

(a) 방 안 공기의 무게를 구하라.

(b) 공기가 방바닥에 작용하는 힘의 크기를 구하라.

단, $1\,atm = 1.01 \times 10^5\,pa(=\text{N/m}^2)$이며, 20℃, $1\,atm$에서 공기의 밀도 $\rho = 1.21\,\text{kg/m}^3$이다.

답 (a) 공기의 무게는 mg, 그런데 밀도 $\rho = \frac{m}{V}$, 따라서 $m = \rho V$.

부피 $V = (3.3\,\text{m}^2)(2.6\,\text{m}) \cong 8.6\,\text{m}^2$

$$mg = \rho V g = (1.21\,\text{kg/m}^3)(8.6\,\text{m}^3)(9.8\,\text{m/s}^2)$$
$$= 10^2\,\text{kg} \cdot \text{m/s}^2 \cong 1.0 \times 10^2\,\text{N}$$

(b) 압력 $p = F/A$, 따라서 $F = pA$

$$F = pA = (1.01 \times 10^5\,\text{N/m}^2)(3.3\,\text{m}^2) = 3.3 \times 10^5\,\text{N}$$

퀴즈 2 잠수부가 바닷속 깊이 h인 지점에서 산소탱크로부터 공기를 최대한 들이마신 후, 숨을 내쉬는 것을 참고 수면까지 올라왔더니, 수면에서 외부의 압력과 허파 속의 압력 차가 8.1 kpa이었을 때, 깊이 h를 구하라. 단, 바닷물의 밀도 ρ는 $1.024\times10^3\ \mathrm{kg/m^3}$이다.

답 밀도 ρ인 액체 속 깊이 h에서의 압력 p는

$$p = p_0 + \rho gh$$

깊이 h에서 들여 마시고 내쉬지 않았으므로 허파 속의 압력은 위 식의 p이다.
수면에서의 압력은 대기압 p_0이다.
따라서 허파 속과 대기압 사이의 압력차 Δp는
$\Delta p = p - p_0 = \rho gh$, 따라서

$$h = \frac{\Delta p}{\rho g} = \frac{8.1\times10^3\ pa}{(1.024\times10^3\ \mathrm{kg/m^3})(9.8\ \mathrm{m/s^2})} = 0.81\ \mathrm{m}$$

p_0 : 대기압,
ρgh : 바닷물 압력
(=계기 압력)

퀴즈 3

그림과 같이 물과 기름이 U관 속에 들어있고 정적평형

$l_1 = 12.3\ \text{cm},\ l_2 = 1.02\ \text{cm}$

일 때 기름의 밀도 ρ_0를 구하라.

단, 물의 밀도 $\rho_\omega = 998\ \text{kg/m}^3$이다.

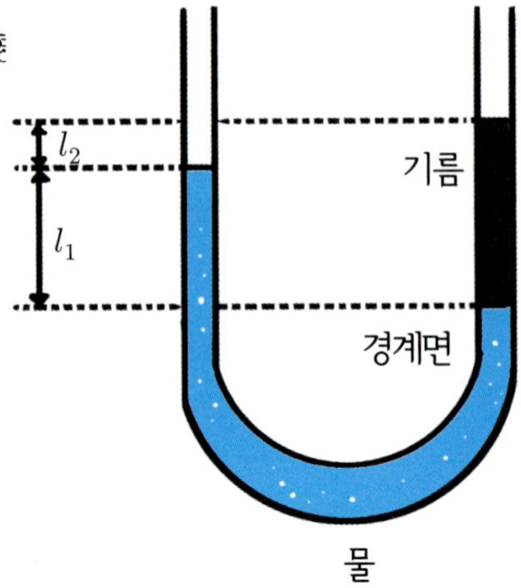

답

높이 l_1의 물기둥의 압력 $\rho_\omega g l_1$이 높이 $l_1 + l_2$의 기름기둥의 압력 $\rho_0 g(l_1 + l_2)$와 같으므로

$$\rho_\omega g l_1 = \rho_0 g(l_1 + l_2)$$

$$\rho_0 = \rho_\omega \frac{l_1}{l_1 + l_2} = (998\ \text{kg/m}^3)\frac{12.3\ \text{cm}}{(12.3\ \text{cm} + 1.02\ \text{cm})}$$

$$\cong 922\ \text{kg/m}^3$$

퀴즈 4 그림과 같이 높이 $H = 4.20\ \text{cm}$, 밀도 $\rho = 668\ \text{kg/m}^3$의 직육면체 플라스틱 조각이 깊이 h만큼 잠긴 채 떠 있다.

(a) 잠긴 깊이 h를 구하라.

(b) 플라스틱 조각을 눌러서 완전히 물속에 잠갔다가 놓았을 때 조각의 가속도의 크기를 구하라.

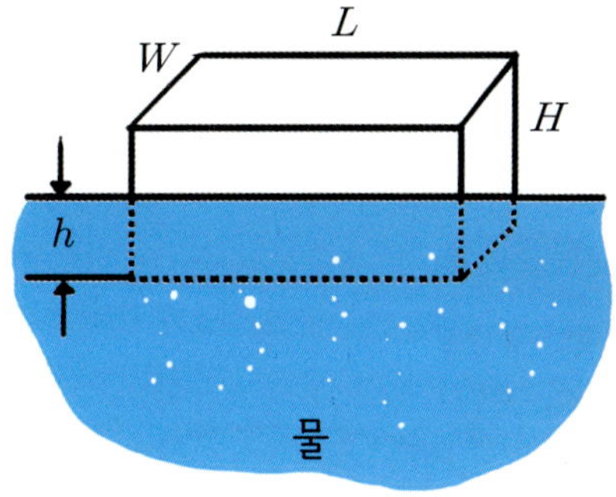

답 (a) 조각이 정지형평상태에 있으므로

$$\text{중력} = \text{부력}$$

중력 $F_g = mg$, 부력 F_b는 조각이 잠긴 부피가 밀어낸 물의 무게이므로

$$F_b = m_\omega g$$

조각의 질량 m은

$$m = \rho V = \rho LWH$$

조각이 밀어낸 물의 질량 m_ω는

$$m_\omega = \rho_\omega V = \rho_\omega LWh$$

대입하여 $F_g = F_b$라고 놓으면

$$\rho LWHg = \rho_\omega LWhg$$

$$h = \frac{\rho}{\rho_\omega} H = \frac{668\ \text{kg/m}^3}{998\ \text{kg/m}^3}(4.20\ \text{cm}) = 2.81\ \text{cm}$$

조각의 길이를 L 폭을 W, 높이를 H라고 했음.

물의 밀도 ρ_ω는 퀴즈 3에서 $998\ \text{kg/m}^3$

(b) 중력 F_g는 같음. 이 경우 완전히 잠겼을 때 미어낸 물의 부피 $V = LWH$,

따라서 부력 $F_b = m_\omega g = \rho_\omega LWHg$

따라서 위 방향으로 작용하는 힘

$$F = F_b - F_g = \rho_\omega LWHg - \rho LWHg.$$

뉴턴의 제2법칙에 의하면 $F = ma$

여기서 $m = \rho LWH$.

그러므로 $(\rho_\omega - \rho) LWHg = \rho LWHa$

$$a = \frac{\rho_\omega - \rho}{\rho} g = \frac{(998 - 668)\ \text{kg/m}^3}{668\ \text{kg/m}^3}(9.8\ \text{m/s}^2) = 4.8\ \text{m/s}^2$$

부력 : 위 방향
중력 : 아래 방향

m : 조각의 질량

퀴즈 5 수도꼭지에서 나오는 물줄기의 단면적이 어떤 위치 P_0에서 $A_0 = 1.4\ \text{cm}^2$이고, 이 보다 거리 $h = 0.52$ cm 떨어진 위치 P에서는 단면적 $A = 0.28\ \text{cm}^2$로 가늘어졌다.

(a) 위치 P_0와 P에서의 물의 속도 v_0와 v를 구하라.

(b) 물의 부피흐름율을 구하라.

(c) 물의 질량흐름율을 구하라.

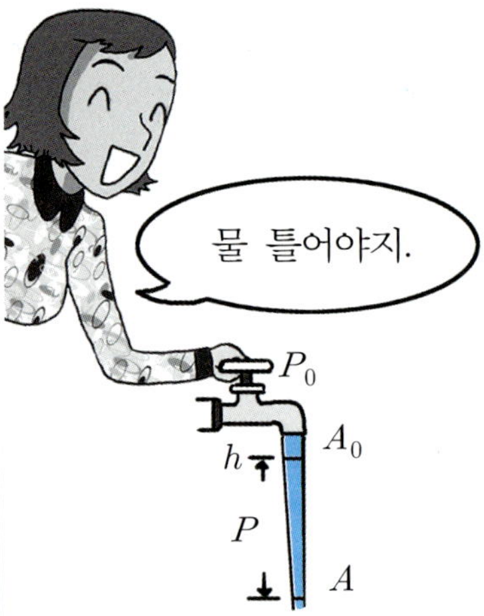

답 (a) 위치 P_0를 중력 퍼텐셜에너지 (U)의 원점으로 잡고

역학에너지 ($U + k$ <운동에너지>) 보존법칙을 적용하면

$$U_0 + K_0 = U + K$$

$$0 + \frac{1}{2}mv_0^2 = -mgh + \frac{1}{2}mv^2$$

P_0에서 $U_0 = 0$이므로

P에서의 $U = -mgh$

$$\frac{1}{2}v_0^2 = -gh + \frac{1}{2}v^2,$$

$$v_0^2 = -2gh + v^2, \quad v^2 = v_0^2 + 2gh$$

한편 연속방정식 $A_1v_1 = A_2v_2 = R_v$(부피흐름율)에 의하면 위치 P_0와 P에서의 부피흐름율은 같으므로

$$A_0v_0 = Av \rightarrow v = \frac{A_0}{A}v_0, \ v_0 = \frac{A}{A_0}v$$

위식에 대입하면

$$v_0^2 = -2gh + \left(\frac{A_0}{A}v_0\right)^2, \qquad v^2 = \left(\frac{A}{A_0}v\right)^2 + 2gh$$

$$\left\{1 - \left(\frac{A_0}{A}\right)^2\right\}v_0^2 = -2gh \qquad \left\{1 - \left(\frac{A}{A_0}\right)^2\right\}v^2 = 2gh$$

$$v_0 = \sqrt{\frac{-2gh}{1 - \left(\frac{A_0}{A}\right)^2}} \qquad v = \sqrt{\frac{2gh}{1 - \left(\frac{A}{A_0}\right)^2}}$$

답 앞에서 구한 식에 값들을 대입하면

$$v_0 = \sqrt{\frac{-2gh}{1-\left(\frac{A_0}{A}\right)^2}} = \sqrt{\frac{-2(9.8\,\mathrm{m/s^2})(0.52\times10^{-2}\,\mathrm{m}}{1-\left(\frac{1.4\times10^{-4}\,\mathrm{m^2}}{0.28\times10^{-4}\,\mathrm{m^2}}\right)^2}}$$

$$\cong 0.065\,\mathrm{m/s} = 6.5\,\mathrm{cm/s}$$

$$v = \sqrt{\frac{2gh}{1-\left(\frac{A}{A_0}\right)^2}} = \sqrt{\frac{2(9.8\,\mathrm{m/s^2})(0.52\times10^{-2}\,\mathrm{m}}{1-\left(\frac{0.28\times10^{-4}\,\mathrm{m^2}}{1.4\times10^{-4}\,\mathrm{m^2}}\right)^2}}$$

$$\cong 0.033\,\mathrm{m/s} = 3.3\,\mathrm{cm/s}$$

(b) 부피흐름율 R_v는

$$Rv = A_0 v_0 = Av = (1.4\,\mathrm{cm^2})(6.5\,\mathrm{cm/s}) = 9.1\,\mathrm{cm^3/s}$$

(c) 질량흐름율 R_m은

$$R_m = \rho R_v = (998\,\mathrm{kg/m^3})(9.1\times10^{-6}\,\mathrm{m^3/s})$$

$$\cong 9.1\times10^{-3}\,\mathrm{kg/s} = 9.1\,\mathrm{g/s}$$

퀴즈 6 수평으로 놓인 상수도관이 단면적 $A_1 = 3.14\ \mathrm{m}^2$에서 $A_2 = A_1/4$으로 점점 가늘어지고 이 속을 물(밀도 $\rho = 998\ \mathrm{kg/m^3}$)이 수평으로 흐르고 있다.

관 양쪽의 압력 차이가 6210 Pa일 때 물의 부피흐름율 R_v를 구하라.

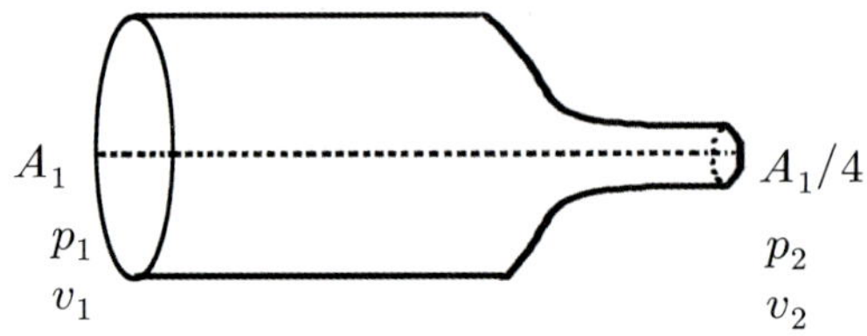

답 연속방정식에 의하면 $R_v = A_1 v_1 = A_2 v_2$, $A_2 = A_1/4$이므로

$$R_v = A_1 v_1 = \frac{A_1}{4} v_2,\ v_2 = 4v_1.$$

베르누이 방정식에 의하면

$$p_1 + \frac{1}{2}\rho v_1^2 + \rho g y_1 = p_2 + \frac{1}{2}\rho v_2^2 + \rho g y_2$$

관이 수평이므로 $y_1 = y_2$ (관 중앙의 높이가 같음)

$$p_1 + \frac{1}{2}\rho v_1^2 + \rho g y = p_2 + \frac{1}{2}\rho v_2^2 + \rho g y$$

$v_2 = 4v_1$을 대입하면

$$p_1 + \frac{1}{2}\rho v_1^2 = p_2 + \frac{1}{2}\rho (4v_1)^2,$$

$$p_1 - p_2 = \frac{1}{2}\rho (4v_1)^2 - \frac{1}{2}\rho v_1^2 = \frac{7}{2}\rho v_1^2$$

$$v_1 = \sqrt{\frac{2(p_1 - p_2)}{7\rho}} = \sqrt{\frac{2(6210\ Pa)}{7(998\ \mathrm{kg/m^3})}}$$

$$= 1.33\ \mathrm{m/s}$$

그런데

$$R_v = A_1 v_1 = (3.14\ \mathrm{m}^2)(1.33\ \mathrm{m/s})$$

$$\cong 4.18\ \mathrm{m^3/s}$$

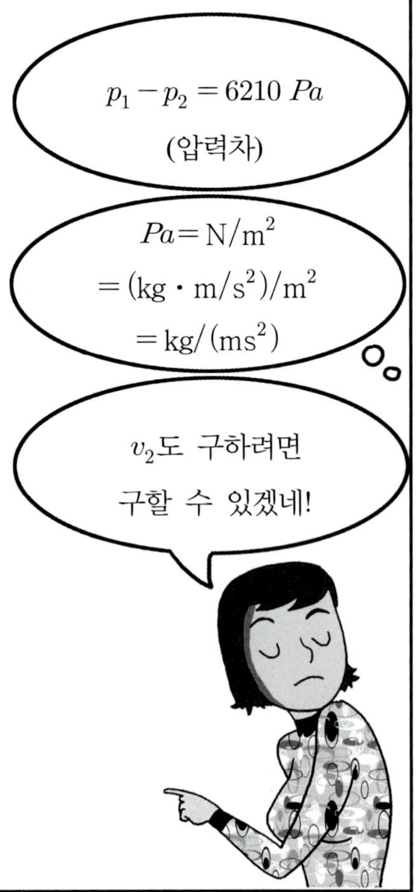

퀴즈 7 그림과 같이 물이 담긴 물탱크의 수면에서 h만큼 아래쪽에 구멍이 뚫려서 물이 새어나올 때 구멍에서 나오는 물의 속력을 구하라.

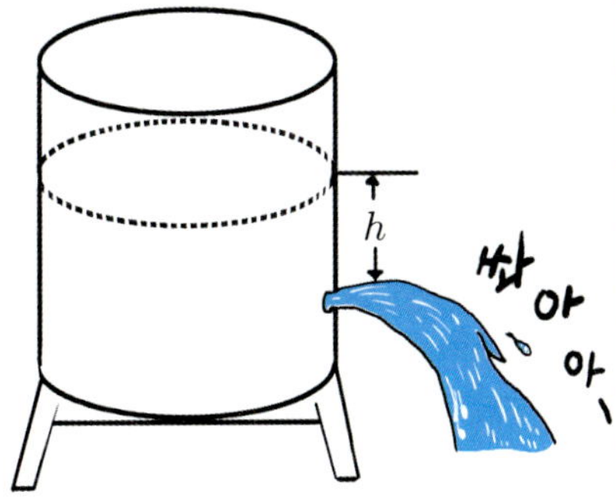

답 물탱크의 단면적을 A_1, 구멍의 단면적을 A_2라고 하면, 물탱크의 물은 단면적 A_1의 넓은 관을 아래 방향으로 속력 v_1로 흐르다가, 단면적 A_2의 좁은 관을 수평으로 속력 v_2로 흐르는 것과 같다.

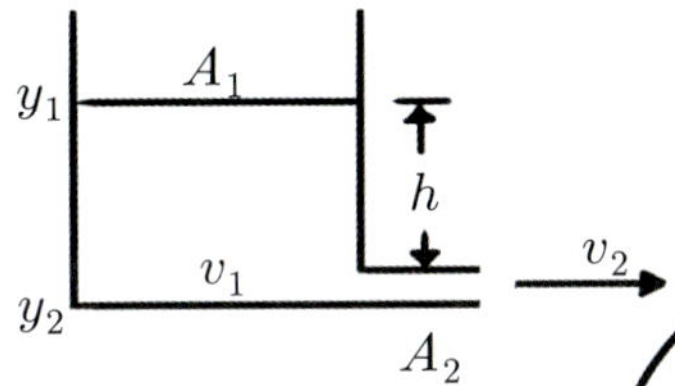

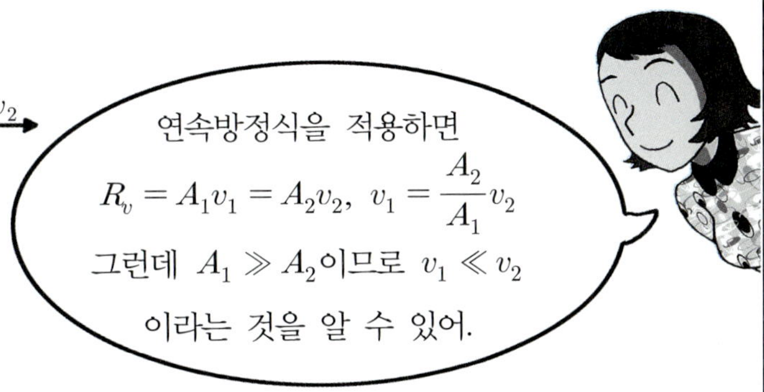

베르누이방정식에 의하면

$$p_1 + \frac{1}{2}\rho v_1^2 + \rho g y_1 = p_2 + \frac{1}{2}\rho v_2^2 + \rho g y_2$$

구멍이 있는 높이를 원점으로 잡으면 $y_1 = h,\ y_2 = 0$

또 물탱크 수면 위는 대기이고, 구멍 밖도 대기이므로

$p_1 = p_2 = p_0$(대기압), 또 $v_1 \ll v_2$이므로 $\frac{1}{2}\rho v_1^2$항은 무시할 수 있음.

대입하면

$$p_0 + \rho g h = p_0 + \frac{1}{2}\rho v_2^2 + \rho g(0)$$

$$v_2 = \sqrt{2gh}$$

고전역학, 열역학,
일반물리학

3. 주기 운동

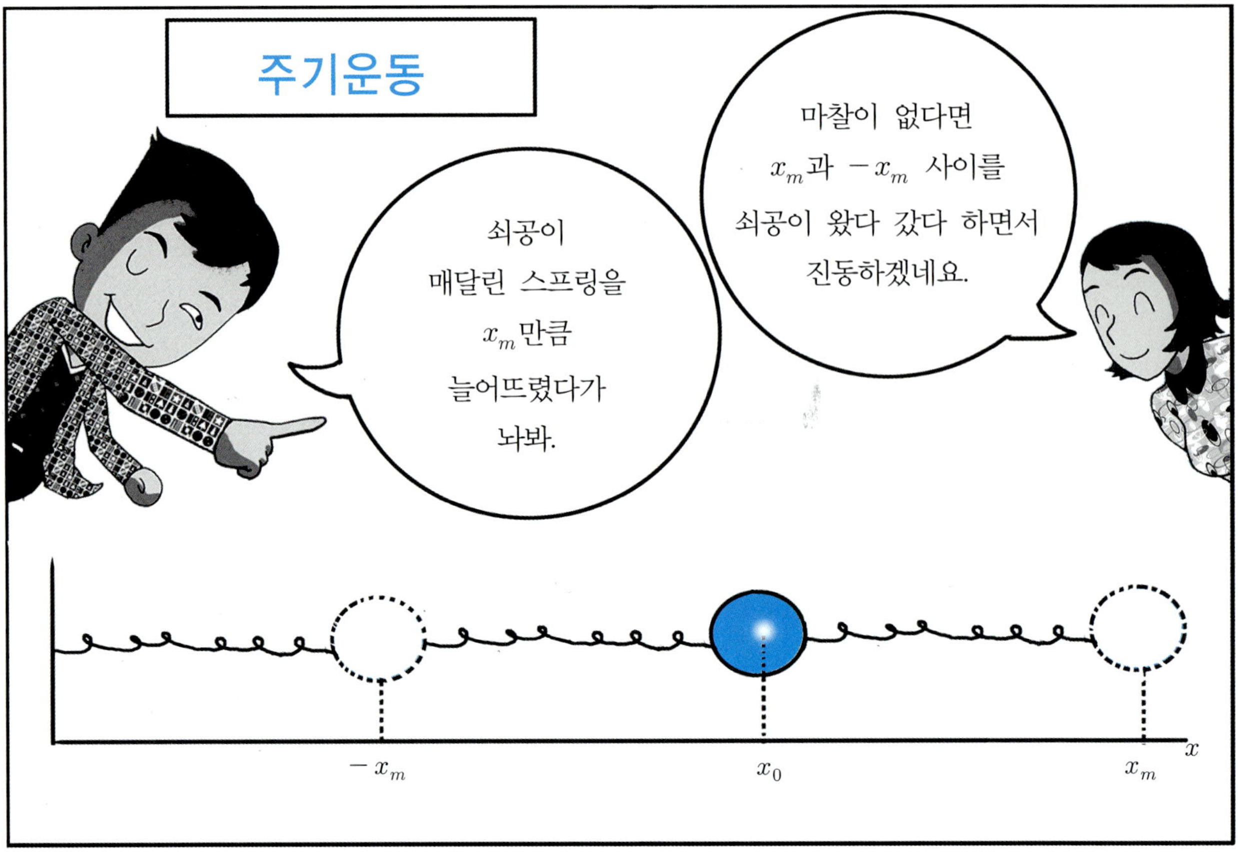
주기운동
쇠공이 매달린 스프링을 x_m만큼 늘어뜨렸다가 놔봐.
마찰이 없다면 x_m과 $-x_m$ 사이를 쇠공이 왔다 갔다 하면서 진동하겠네요.
$-x_m$
x_0
x_m
x

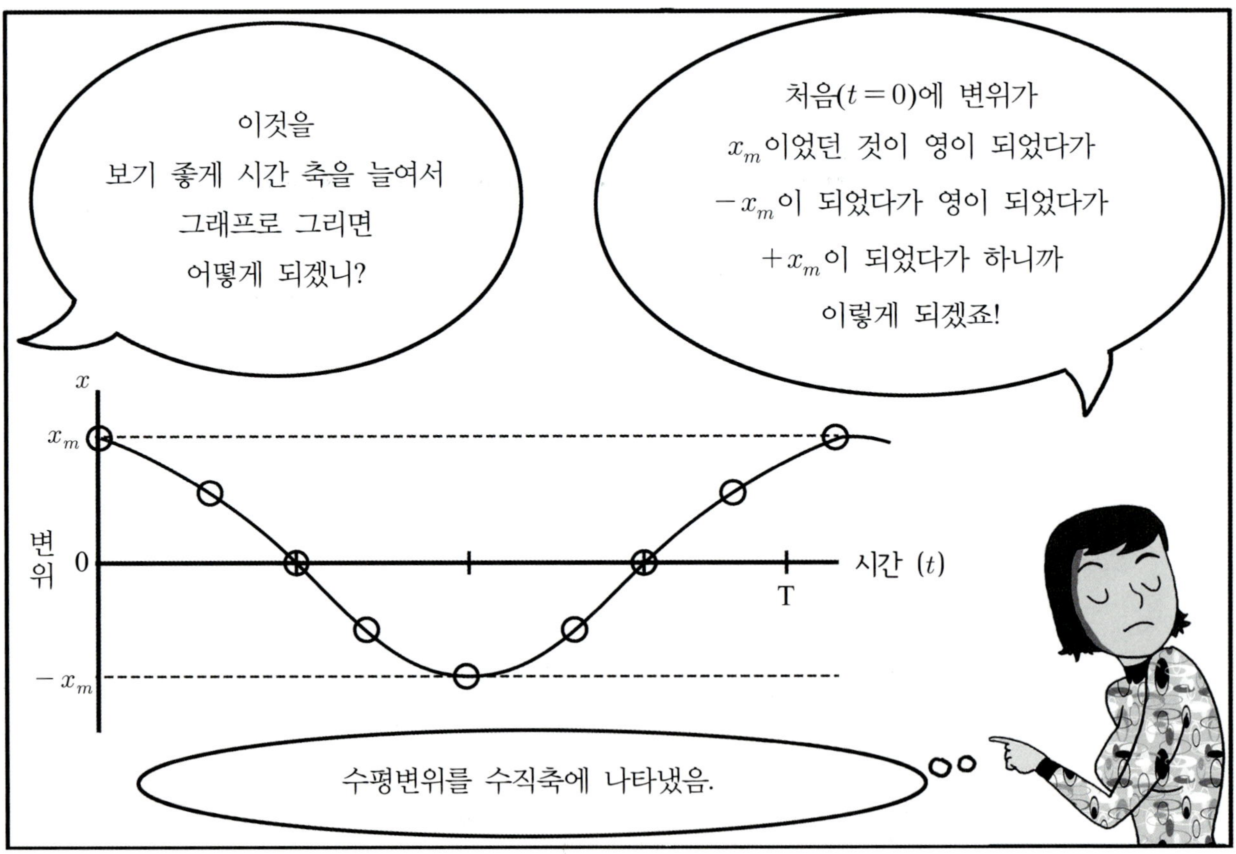
이것을 보기 좋게 시간 축을 늘여서 그래프로 그리면 어떻게 되겠니?
처음($t=0$)에 변위가 x_m이었던 것이 영이 되었다가 $-x_m$이 되었다가 영이 되었다가 $+x_m$이 되었다가 하니까 이렇게 되겠죠!
x
x_m
변위
0
$-x_m$
T
시간 (t)
수평변위를 수직축에 나타냈음.

결국 cos(코사인) 그래프가 되네요.
이와 같이 일정한 사간 간격으로 되풀이 되는 운동을 주기운동 또는 조화운동이라고 해.
위의 그래프의 경우 최대변위가 x_m이고, 한 번 왕복운동 하는데 걸리는 시간 주기가 T초지? 이것을 식으로 나타내봐라.
m : maximum 최댓값
$x(t) = \cos t$의 그래프를 생각해 보면
x
1
변위
π
2π
t
-1
우선 변위는 ± 1 사이에서 변하니까 앞에 x_m을 곱해야겠네요.
변위를 진폭이라고도 해 (진동하는 폭)

x t π 2π
$x(t)=\cos t$의 주기는 2π초이고 $\cos 2t$의 주기는 위 그림과 같이 2π 내에 주기가 2번 들어가니까 주기는 $\frac{2\pi}{2}=\pi$,
x $\frac{2\pi}{3}$ π $\frac{4\pi}{3}$ 2π t
유사하게 $x(t)=\cos 3t$는 2π 내에 주기가 3번 들어가니까 주기는 $\frac{2\pi}{3}$.
따라서 일반적으로 $x(t)=\cos\omega$는 주기가 $\frac{2\pi}{\omega}$이며, 이것이 앞의 그래프에서 주기 T와 같아야 하므로 $\frac{2\pi}{\omega}=T, \rightarrow \omega=\frac{2\pi}{T}$
그러므로 앞의 그래프의 식은 $x(t)=x_m\cos\frac{2\pi}{T}t$가 되는군요.
이것의 주기 실제로 계산해 보면 $\frac{2\pi}{\frac{2\pi}{T}}=T$

이것을 보통
$x(t) = x_m \cos \omega t$라고 쓰지.
$\omega = \frac{2\pi}{T}$

ω는 **각진동수**라고
부르는 놈이야. 음미해 보면, 만약
$T = 1$초이면
$\omega = \frac{2\pi}{1} = 2\pi$ rad/s
즉 초당 $2\pi(=360° =$한 바퀴)
각도만큼 도는 것이고.

만약 $T = 2$초이면
$\omega = \frac{2\pi}{2} = \pi$ rad/s
즉 초당 $\pi(=180° =$반 바퀴)
각도만큼 도는 것이지.

결국 각진동수라는 것은
초당 몇 바퀴(각도가 얼마나)
도는가를 나타내는군요.
한편, 주기 T는
한 번 왕복 운동하는 데
걸리는 시간.
또, 주기 T의 역수는 **진동수** f라고 해.
$\frac{1}{T}=f$
진동수는 초당
왕복운동(=진동)하는 횟수!
진동수를 주파수라고
부르기도 하지.
만약에
왕복 운동 하는 데 0.5초 걸린다면
주기 =0.5초이면
초당 2번 진동하는 거니까
$f=\frac{1}{0.5}=2\ \mathrm{Hz}$
군요.
단위는
$\mathrm{Hz}=s^{-1}$
(헤르츠)

ω = 2π/T 이고 1/T = f 니까
ω = 2πf
1초에 몇 번 진동하는가를 나타내는 진동수는 알겠는데, 왕복운동 하는데 왜 각진동수가 나오지?
그거야 원을 그리겠죠.
길이가 1인 막대의 한쪽 끝을 원의 중심에 고정하고 돌려봐.
x
1

이때 이 막대의 x축에의 투영 (수평변위)는 어떻게 되겠니?
막대가 ①→⑧순으로 원운동을 할 때 수평변위는 x축 상에서 ①→⑧로 왕복운동을 하는군요.
수평변위
따라서 왕복운동을 각운동으로 생각할 수도 있어서 각진동수가 나온 거야. 수평변위를 식으로 나타내면 $\cos\omega t = \frac{x}{1}$ $\rightarrow x = \cos\omega t$ 로 같은 식이 되지.
1
wt
x

$-x_m$
$x=0$
x_m
x
자 이제 다시
쇠공이 매달린 스프링으로 돌아가서
쇠공을 다시 x_m만큼 늘어뜨렸다가
놔봐라.
$-x_m$
$x=0$
x_m
x
쇠공이 진동하네요.
이때 운동중의
어떤 순간을 사진으로 찰칵 찍었더니
위와 같은 사진이
찍혔다고 하자.
이 순간을
$t=0$이라고 하고
변위의 그래프를 그리면
어떻게 되겠니?

처음 변위가
$x=0$보다는 크고
최대변위(진폭)x_m보다는
작으니까

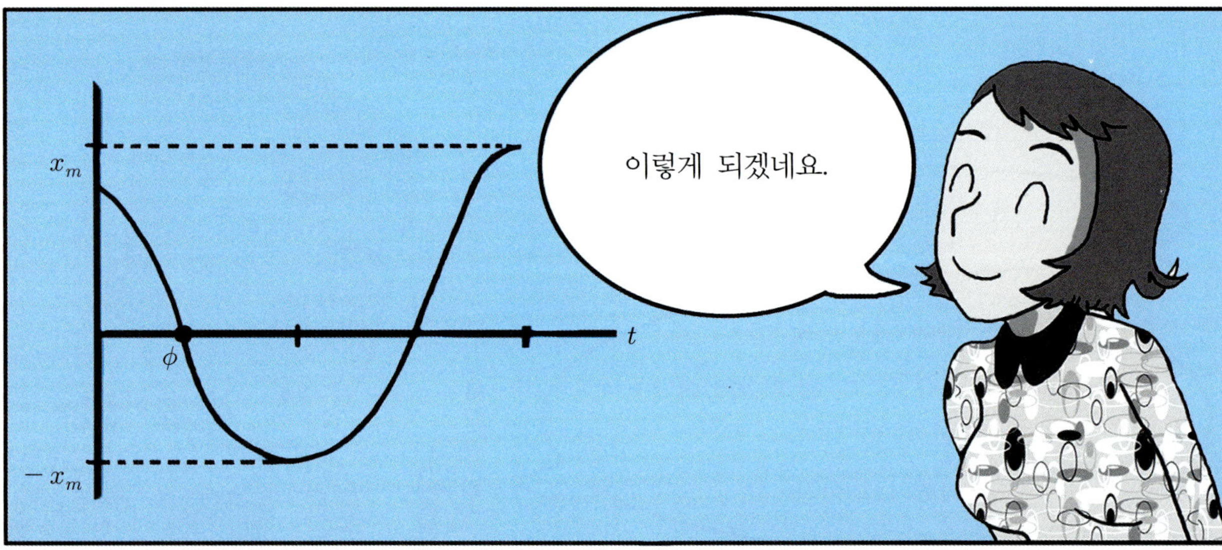
x_m
$-x_m$
ϕ
t
이렇게 되겠네요.

이 그래프의 식은
$x(t)=x_m\cos(\omega t+\phi)$ 란다.
이것이 왕복운동의 일반적인 식
$(\omega t+\phi)$를 **위상**,
ϕ를 **위상각**(또는 위상상수)이라고 부르지.

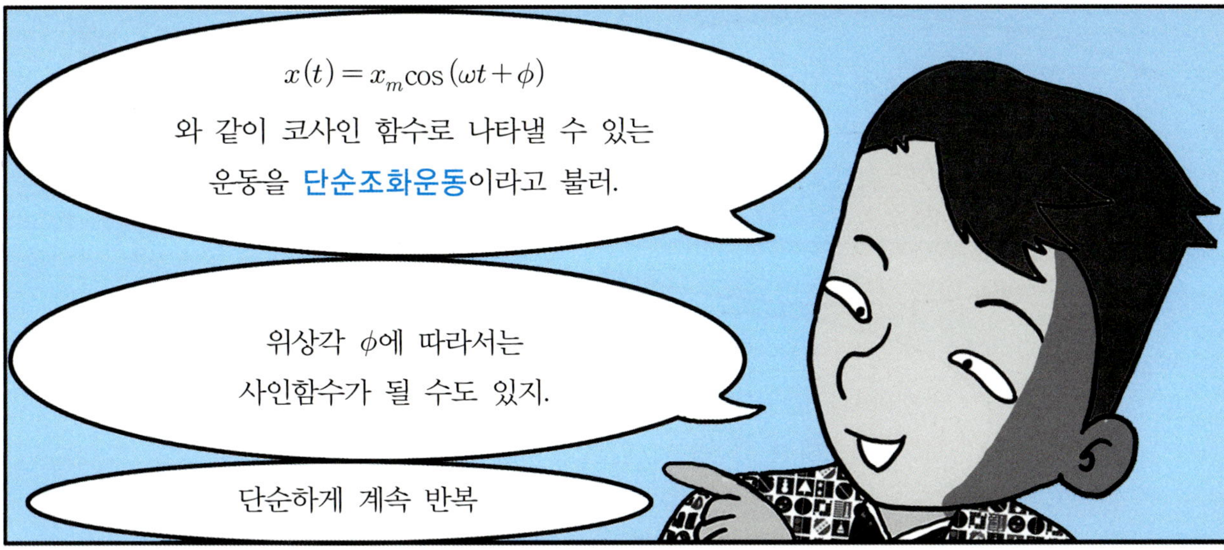
$x(t) = x_m \cos(\omega t + \phi)$
와 같이 코사인 함수로 나타낼 수 있는
운동을 단순조화운동이라고 불러.
위상각 ϕ에 따라서는
사인함수가 될 수도 있지.
단순하게 계속 반복

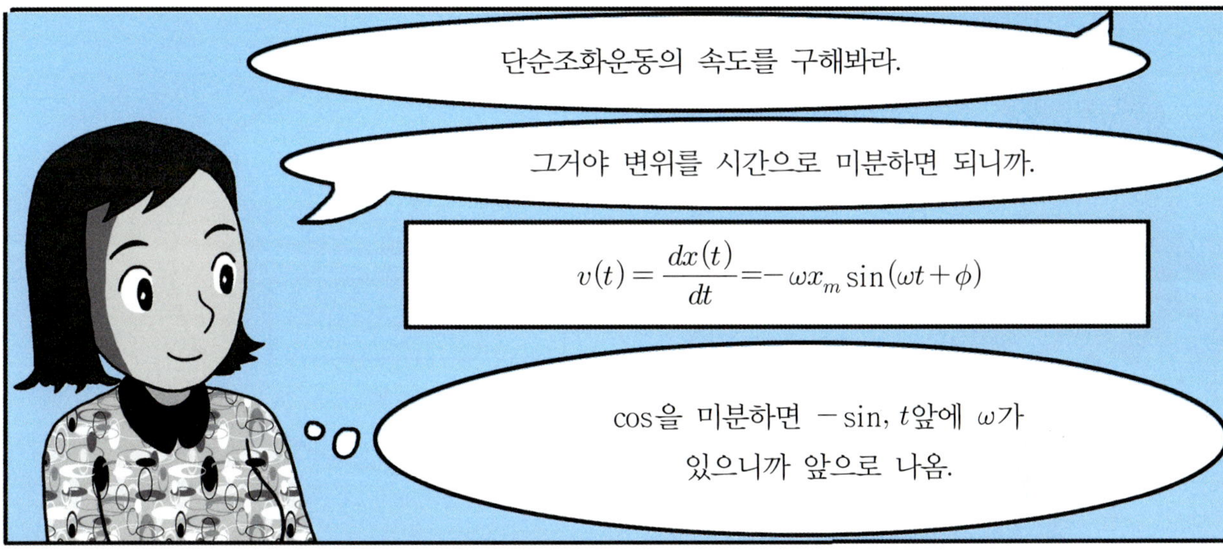
단순조화운동의 속도를 구해봐라.
그거야 변위를 시간으로 미분하면 되니까.
$v(t) = \frac{dx(t)}{dt} = -\omega x_m \sin(\omega t + \phi)$
cos을 미분하면 $-\sin$, t앞에 ω가
있으니까 앞으로 나옴.

x_m을 진폭이라고 불렀지?
ωx_m을 속도진폭이라고 불러.
이번에는 가속도를
구해봐라.

속도를 시간으로 미분하면 되니까.
$a(t)=\frac{dv(t)}{dt}=-\omega^2 x_m \cos(\omega t+\phi)$
sin을 미분하면 +cos, t 앞에 ω가 있으니까 한 번 더 앞으로 나옴.
$\omega^2 x_m$는 가속도진폭이라고 부르겠네요.
또 $a(t)=-\omega^2 x(t)$ 가 되는군요.
$+x_m$
변위
$-x_m$
$+wx_m$
속도
$-wx_m$
$+w^2x_m$
가속도
$-w^2x_m$
변위가 양의 최대이면 속도는 영, 가속도는 음의 최대

단순조화운동에 대한 힘의 법칙
단순조화운동에 뉴턴의 제2법칙을 적용하면
$F=ma=m(-\omega^2 x)$
$a=-\omega^2 x$였잖아.
식을 변형하면
$F=-(m\omega^2)x$
$m\omega^2$은 상수니까 k라고 놓으면
$F=-kx$
m : 쇠공의 질량
ω : 각진동수
F가 x에 비례 → 선형
스프링에 관한 후크의 법칙과
똑같은 식이 되네요!
쇠공과 스프링을
선형 단순조화진동자
(줄여서 선형진동자)
라고 불러.

위 식에서 $k=m\omega^2$이니까
각진동수 ω는
$\omega=\sqrt{\frac{k}{m}}$
또 앞에서
$\omega=\frac{2\pi}{T} \rightarrow T=\frac{2\pi}{\omega}$
였으니까 대입하면
$T=\frac{2\pi}{\sqrt{\frac{k}{m}}}=2\pi\sqrt{\frac{m}{k}}$
을 얻게 된단다.
T는 주기
그러니까
스프링상수 k가 크고(빳빳한 스프링)
쇠공의 질량 m이 작으면(가벼운 쇠공)
각진동수 ω는 커지고,
주기 T는 짧아지네요!

단순조화운동의 에너지
앞에 선형진동자(스프링과 쇠공)의 퍼텐션에너지 U는 모두 스프링에 저장되며 $U=\frac{1}{2}kx^2$ 이었지?
탄성퍼텐셜에너지
여기에 선형진동자 변위 $x(t)$는 $x(t)=x_m\cos(\omega t+\phi)$ 를 대입하면 $U(t)=\frac{1}{2}kx_m^2\cos^2(\omega t+\phi)$ 가 되는군요.
변위는 스프링이 늘어난 정도
한편 운동에너지 κ는 모두 쇠공에 저장되며, 소도가 v라면 $K=\frac{1}{2}mv^2$

여기에 선형진동자의 속도 $v(t)$는
$v(t) = -\omega x_m \sin(\omega t + \phi)$
대입하면
$K(t) = \frac{1}{2} m\omega^2 x_m^2 \sin^2(\omega t + \phi)$

그런데
$\omega = \sqrt{\frac{k}{m}} \rightarrow \omega^2 = \frac{k}{m}$
이므로, 대입하면
$K(t) = \frac{1}{2} k x_m^2 \sin^2(\omega t + \phi)$
퍼텐셜 에너지와 비교하면
cos이 sin으로 바뀐 것만 다르네.

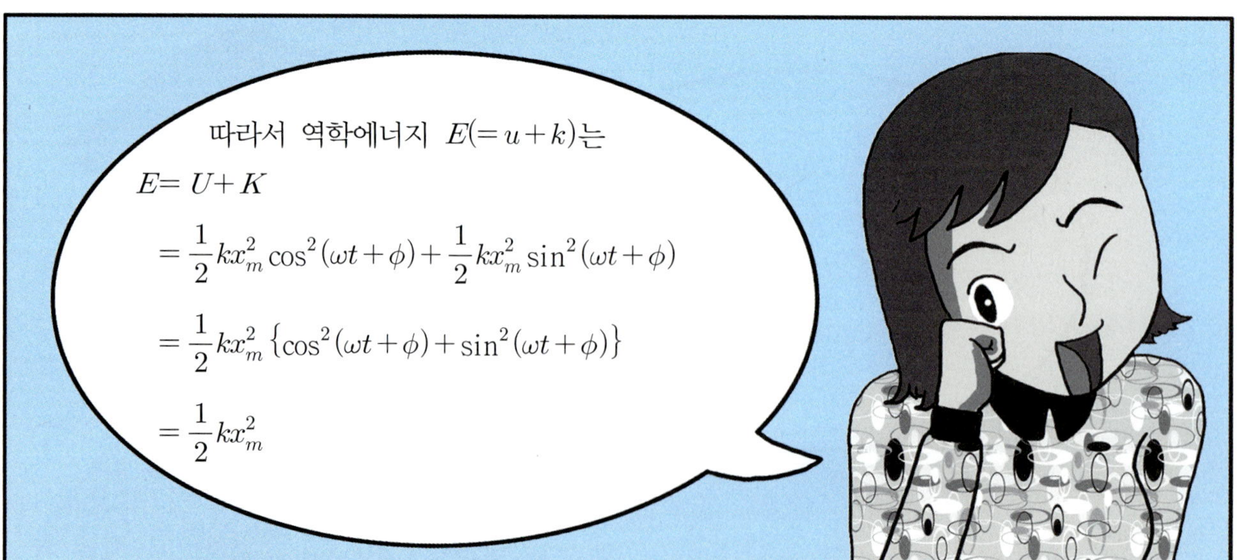
따라서 역학에너지 $E(=u+k)$는
$E = U + K$
$= \frac{1}{2} k x_m^2 \cos^2(\omega t + \phi) + \frac{1}{2} k x_m^2 \sin^2(\omega t + \phi)$
$= \frac{1}{2} k x_m^2 \{\cos^2(\omega t + \phi) + \sin^2(\omega t + \phi)\}$
$= \frac{1}{2} k x_m^2$

따라서 선형진동자의 역학에너지
$E=\frac{1}{2}kx_m^2$
은 시간에 관계없이 일정해.
식에 시간 t가 들어가지 않으니까.
이상으로부터 진동하는 계는 탄성과 관성의 두 요소로 이루어져 있는 것을 알 수 있다.
탄성을 가진 부분(스프링)은 계의 퍼텐셜에너지를 저장하고, 관성을 지닌 부분(쇠공)은 운동에너지를 저장하는군요!

단순조화 각진동자
고정점
줄
원판
$+\theta_m$
0
$-\theta_m$
이게 뭐예요.
비틀림 진자야.
원판을 평형위치 ($\theta = 0$)에서 θ만큼 돌렸다 놓으면 이 위치를 중심으로 좌우로 움직이는 조화 각진동을 하지.
스프링의 탄성이 줄의 비틀림으로 바뀐 거네요.

이때 원판을
θ만큼 회전시키면
복원토크 τ가 발생하고 τ는
$\tau = -\kappa\theta$
κ(카파) : 비클림상수 줄의 길이,
지름, 재질 등에 따라 결정됨
각운동이니까
힘 $F \rightarrow$ 토크 τ,
변위 $x \rightarrow$ 각변위 θ
로 바뀐 거군요.
스프링과 쇠공의 경우 주기 T는
$T = 2\pi\sqrt{\frac{m}{k}}$
이었지?

각진동자는 각운동을 하니까
질량 m → 회전관성 I,
스프링상수 k → 비틀림상수 κ
로 바꾸면, 각진동자의 주기는
$T = 2\pi\sqrt{\frac{I}{\kappa}}$
단진자
L
m
줄에 입자가 매달려 있는 것을 단진자라고 해.
단순한 진자라는 말이야. 시계추처럼

θ
L
T⃗
m
F_q sinθ
F_q cosθ
F⃗_q
단진자에 작용하는 힘은 줄의 장력 T⃗와 중력 F⃗_g(=ma)가 있어.
줄과 수직선이 이루는 각도가 θ라면 중력 F⃗_g를 지름성분 F_gcosθ와 접선성분 F_gsinθ로 나눌 수 있겠네요.
지름성분은 장력과 힘의 평형을 이루지. 접선성분은 항상 진자의 각변위를 줄이려는 방향으로 작용해서 진자를 평형상태(θ=0)로 복원시키려는 토크를 만든단다.

앞에서 토크 τ는 $\tau = r_{\perp}F$이었으므로 단진자의 복원토크 τ는 $\tau = -L(F_g \sin\theta)$
(−)부호는 토크가 θ를 줄이려는 방향으로 작용한다는 의미.
$r_{\perp}$는 작용하는 힘 $F(= F_g \sin\theta)$과 수직인 모멘트팔이므로 이 경우에는 $r_{\perp} = L$
아하!
그런데 또 앞에서 $\tau = I\alpha$ 이었으므로 이것을 대입하면
I : 회전관성 α : 각가속도
$I\alpha = -L(F_g \sin\theta) = -L(mg \sin\theta)$ 만약 각도 θ가 작으면 $\sin\theta \approx \theta$. 따라서 $I\alpha = -Lmg\theta$

그러므로
$\alpha = -\frac{mgL}{I}\theta$
이 식은 앞의 스프링-쇠공에 관한 식 $a = -\omega^2 x$ 에 대응하는 식이야.
a : 가속도
x : 변위
따라서 단진자의 운동은 단순조화운동과 같다고 할 수 있지. (단 각진폭 θ_m이 작을 경우)
이 두 식을 비교해 보면 단진자의 각진동수 ω는 $\omega = \sqrt{\frac{mgL}{I}}$ 이 되고, 또, 스프링-쇠공에서 $\omega = 2\pi / T \rightarrow T = \frac{2\pi}{\omega}$ 이었으니까 단진자의 진동주기는 $T = \frac{2\pi}{\sqrt{\frac{mgL}{I}}} = 2\pi\sqrt{\frac{I}{mgL}}$
한편 앞에서 회전관성 $I = mr^2$이고 단진자의 경우 $r = L$이므로 $I = mL^2$ 대입하면
$T = 2\pi\sqrt{\frac{mL^2}{mgL}} = 2\pi\sqrt{\frac{L}{g}}$
이 되는군요!

물리진자
h
θ
C
$F_g \sin\theta$
θ
$F_g \cos\theta$
$\overrightarrow{F_g}$
실제 진자는 복잡한 질량분포를 갖는데 이것을 물리진자라고 해.
물리진자의 경우 복원력 $F_g \sin\theta$에 대한 모멘트팔은 단진자처럼 줄의 길이 L이 아니라,
물리진자와 단진자 간의 차이점은 한 가지 뿐.
매단 점에서 질량중심 C가지의 거리 h라는 점이야.
따라서 각진폭 θ_m이 작을 경우에는 단순조화운동으로 다룰 수 있겠네요.

단진자의 진동주기
$T=2\pi\sqrt{\frac{I}{mgL}}$
의 식에서 L을 h로 바꾸면
$T=2\pi\sqrt{\frac{I}{mgh}}$
물리진자의 주기가 되는군요.
여기서 회전관성 I는
단진자처럼 mL^2이 아니라
물리진자의 모양에 따라 바뀌지만
질량 m에 비례하는 값이지.
물리진자를 이용하면
지면에서의 자유낙하 가속도
g를 측정할 수 있어.
예를 들어
질량 M, 길이 L인
막대의 한쪽 끝을 매단
물리진자를
이용해 보자.
O
$\frac{L}{2}$
C
L

균일한 막대라면
질량중심 C까지의 길이
$h=\frac{L}{2}$이 되겠네요.
막대가 매달린 O점을 회전축하는
막대의 회전관성 I는
평행축 정리에 의하면
$I=I_{com}+Mh^2$
I_{com} : 질량중심
C를 회전축으로 하는
회전관성
h : 원점 O에서
질량 중심까지의
거리
앞의 회전운동에서
$I_{com}=\frac{1}{12}ML^2$
이라는 것을 배웠으니까, 이 값과
$h=\frac{L}{2}$을 대입하면
$I=\frac{1}{12}ML^2+M\left(\frac{L}{2}\right)^2=\frac{1}{3}ML^2$
그런데 물리진자의 T는
$T=2\pi\sqrt{\frac{I}{mgh}}$
여기에 $I=\frac{1}{3}ML^3$, $h=\frac{L}{2}$, $m=M$을
대입하면
$T=2\pi\sqrt{\frac{\frac{1}{3}ML^2}{Mg\frac{L}{2}}}=2\pi\sqrt{\frac{2L}{3g}}$

$T=2\pi\sqrt{\frac{2L}{3g}}$ 식을 g에
대해 정리하면
$T^2=4\pi^2\frac{2L}{3g}$
$3g=4\pi^2\frac{2L}{T^2}$
$g=\frac{8\pi^2L}{3T^2}$
이 되어서 막대의 길이
L과 진동주기 L을
측정하면 진자가 있는 곳의
자유낙하 가속도 g를
알 수 있단다.
정확히
측정하려면
진공 중에서
해야 돼.
진동의 분류
진동을 크게 분류하면
자유진동과 강제진동이 있어.
이것은 힘을 어떻게 가해서
진동시키느냐에 따른 분류야.
처음에만 힘을 가해서
진동 중에는 아무런 힘이
가해지지 않고 자유롭게 진동하는
것을 자유진동이라고 해.

그럼 강제진동이란 진동 중에 계속 힘을 가해서 강제로 진동시키는 것이겠군요.
또 진동 중에 저항이 없어서 감쇠(진폭이 줄어드는 것)가 일어나지 않아서 영원히 같은 진폭으로 진동하는 것을 비감쇠진동이라고 하지.
그러면 진동 중에 저항이 있어서 감쇠가 일어나는 것은 감쇠진동이라고 하겠네요.
그렇지. 유체 중에서 진동시키는 경우지.
공기 저항, 액체에 의한 저항을 받아서 진폭이 감소하는 경우야.
짝 · 짝 · 짝

그러니까 진동을 분류하면
자유진동
비감쇠자유진동
감쇠자유진동
강제진동
비감쇠강제진동
감쇠강제진동
으로 나눌 수 있어.
우리가 이제까지 앞에서 생각한 것은 비감쇠자유진동에 해당하지.
단순조화진동=비감쇠자유진동
실제 진동에는 감쇠가 항상 있으니까 비감쇠진동은 이상적인 경우야.
진공 중에서 진동시키면 비감쇠진동이 되지 않나요.
완전한 진공은 없거든.

비감쇠 자유진동에 대해서는 앞에서 살펴봤으니까, 감쇠가 있는 감쇠자유진동에 대해서 생각해 보자꾸나.
쇠공
저항판
k
m
액체
감쇠기
스프링에 매단 쇠공에 저항판을 연결하고 액체가 들어있는 감쇠기에 연결하면 감쇠자유진동모형이 된단다.
쇠공은 마찰력이 없다고 하고 저항판은 매우 얇아서 질량을 무시할 수 있다고 가정하자.

쇠공이 움직이면 액체 속의 저항판이 움직이고 액체의 저항에 의해 진동이 약해지겠군요.
감소된 에너지는 열에너지로 변하겠네.

액체가 작용하는 저항력, 즉 감쇠력 F_d는 쇠공의 속도 v에 비례하고 항상 운동방향의 반대 방향이야. 따라서
$F_d = -bv$
b : 감쇠상수
d : damping(감쇠)

왜냐하면 물엿이 담긴 냄비에 작은 뚜껑을 넣고 누르거나 잡아당기면 감쇠력이 항상 반대 방향으로 작용하고, 빨리하면 감쇠력이 더 커지기 때문이지.
꾹 꾹

쇠공에는 또
스프링력
$F_s = -kx$
이 작용하니까,
k : 스프링 상수
작용하는 모든 힘은
이 두 힘 F_d와 F_s의 합이므로
$F = F_d + F_s$
$= -bv - kx$
뉴턴의
제2법칙($F = ma$)를 적용하면
$-bv - kx = ma$
그런데
$v = \frac{dx}{dt}$
$a = \frac{dv}{dt} = \frac{d^2x}{dt^2}$
이니까

$-b\frac{dx}{dt}-kx=m\frac{d^2x}{dt^2}$
이항하면
$m\frac{d^2x}{dt^2}+b\frac{dx}{dt}+kx=0$
라는 미분방정식을 얻게 됨.
이 미분방정식은
상수계수를 갖는 2계 미분방정식으로서
2학년 때 공학수학이라는 과목에서
해를 구하는 법을 배운단다.
여기서는 감쇠가 작은 경우
(액체가 묽은 경우)에 대하여
결과만 쓰면 그 해 $x(t)$는
$x(t)=x_m e^{-bt/2m}\cos(\omega_d t+\phi)$
가 되지

이 해를 눈으로 보기 위해서 그래프를 그려보자. $x(t) = x_m e^{-bt/2m} \cos(\omega_d t + \phi)$ 와 같이 두 개의 함수가 곱해져 있는 경우의 그래프는
±지수함수, 즉 $\pm e^{-bt/2m}$을 먼저 그린 다음에 그 속에 코사인 함수를 넣으면 됨.
x_m
$+e^{-bt/2m}$
$\cos(w_d t + \phi)$
t
0
$-e^{-bt/2m}$
$-x_m$
그래프에서 진폭이 감쇠 때문에 점점 감소하는 것을 알 수 있군요!

감쇠자유진동자의 각진동수 ω_d는 또
$\omega_d = \sqrt{\frac{k}{m} - \frac{b^2}{4m^2}}$
으로 주어져.
$b=0$(감쇠무)이면
$\omega_d = \sqrt{\frac{k}{m}} = \omega$가 되어 비감쇠자유진동의
ω와 같아지는군.
앞에서 감쇠가 없는 비감쇠
자유진동자의 역학에너지 E는
$E = \frac{1}{2}kx_m^2$
(시간에 무의존)이었지?
x_m을 바꾸면 $x_m^2 = x_m^2 e^{-bt/m}$
$x_m e^{-bt/2m}$ 으로이 되고
이와 같이 하여
감쇠자유진동자의
역학에너지 $E(t)$는
$E = \frac{1}{2}kx_m^2 e^{-bt/m}$
이 된단다.
이 경우에는
역학에너지가
시간에 의존해서
지수함수적으로
감소.

강제진동
재밌다.
$\vec{F}_a$
흔들어봐.
쇠공을 강제로 진동시키는 경우에는 외력 $\vec{F}_a$라는 한 가지 힘이 더 추가되겠지?
a : applied(가해진)
그러니까 작용하는 힘의 합 F는 앞의 감쇠력 F_d+스프링력 F_s+외력 F_a가 되는군요.
$F = F_a + F_d + F_s$
$F_d = -bv$
$F_s = -kx$

만약에
감쇠기를 잘라 버리면 (감쇠상수 $b=0$)
감쇠력 F_d가 없으니까
비감쇠 강제진동이 되고,
그대로 두면 감쇠강제진동이
되는 거야.
실제로는 항상 감쇠가 있지만
우선 비감쇠 강제진동에 대해서
생각해보자.
비감쇠 강제진동은
이상적인 경우
감쇠기를 잘라 버려.
외력 F_a가 좌우로 진동시키는
힘이니까
$F_a = x_a \cos \omega_a t$
로 놓고 바감쇠 강제진동에 대해서
뉴턴의 제2법칙을 적용해 봐라.
ω_a : 외력의
각진동수

비감쇠 강제진동에
작용하는 힘의 합 F는
$F = F_a + F_s$
$= x_a \cos\omega_a t - ks$ 인데
이것이 $ma = m\frac{d^2x}{dt^2}$ 과
같아야 하니까
$F = ma$
$x_a \cos\omega_a t - ks = m\frac{d^2x}{dt^2}$
이항하면
$m\frac{d^2t}{dt^2} + ks = x_a \cos\omega_a t$
가 되는군요.
이 미분방정식은
상수계수를 갖는 2계 비제차 미분방정식
이라는 것인데 이것은
2학년 때 공학수학 과목에서
그 해를
구하는 방법을 배운단다.

여기서는 그 결과만 쓰면 그해 $x(t)$는
1) $\omega_a \neq \omega$이면
$x(t) = x_m \cos(\omega t + \phi) + \frac{x_a}{m(\omega^2 - \omega_a^2)} \cos\omega_a t$
2) $\omega_a = \omega$이면
$x(t) = x_m \cos(\omega t + \phi) + \frac{x_a}{2m\omega} t \sin\omega t$
우변의 첫 번째 항 $x_m \cos(\omega t + \phi)$ 는 비감쇠 자유진동(외력무)과 같은 식이고, 두 번째 항은 외력 때문에 생긴 항이지.
그래서 ω를 고유 각진동수, ω_a를 외력 각진동수라고 불러.
고유각진동수는 쇠공이 외력이 없을 때 흔들리려는 각진동수고, 외력각진동수는 쇠공을 외력이 흔드는 진동수지.

쇠공을 흔드는 외력 각진동수 ω_a가 쇠공이 흔들리려는 고유각진동수 ω와 같으면 $(\omega_a = \omega)$ 앞의 2)번의 경우가 되는데
$x(t) = x_m \cos(\omega t + \phi) + \frac{x_a}{2m\omega} t \sin\omega t$
이것의 그래프를 그려봐라. 우변의 첫째항은 코사인 그래프니까.
x_m
t
$-x_m$
두 번째 항은 t와 $\sin\omega t$가 곱해져 있으니까 $\pm t$를 먼저 그리고 그 사이에 $\sin\omega t$를 그리면 되겠네요.
우와
$\sim \sin\omega t$
t
t
$-t$
$t \to \infty$이면 진폭 $\to \infty$네!

두 그래프를 더해도 두 번째 항 때문에 t가 커짐에 따라서 진폭이 점점 커져서 무한대가 되네요!
이런 현상을 **공명**이라고 한단다.
$\omega_a = \omega$이면 공명
여기서 중요한 것은 외력 각진동수 ω_a야. 외력의 진폭 x_a가 작더라도 (즉 작게 흔들어도) $\omega_a = \omega$이면 쇠공의 진폭은 점점 커져서 무한대가 된다는 거지!
살살
$(\omega_a = \omega)$
우와! 엄청 크게 흔들리네. 신기하다!

이번에는 감쇠기를 다시 달고 감쇠강제진동에 대해서 뉴턴의 제2법칙을 적용해 봐라. 이 경우 힘의 합은
$F = F_a + F_d + F_s$
$= x_a \cos \omega_a t - bv - kx$
$= ma = m\frac{d^2x}{dt^2}$
$a = \frac{dv}{dt}$
$v = \frac{dx}{dt}$
$v = \frac{dx}{dt}$ 를 대입하면
$x_a \cos \omega_a t - b\frac{dx}{dt} - kx = m\frac{d^2x}{dt^2}$ 정리하면
$m\frac{d^2x}{dt^2} + b\frac{dx}{dt} + kx = x_a \cos \omega_a t$
가 되는군요.
감쇠 자유진동(우변 = 0)과 우변만 다르네.
이 식은 상수계를 갖는 2계 비제차 미분방정식이라는 것인데 이것도 2학년 때 공학수학에서 그 해를 구하는 법을 배우지.

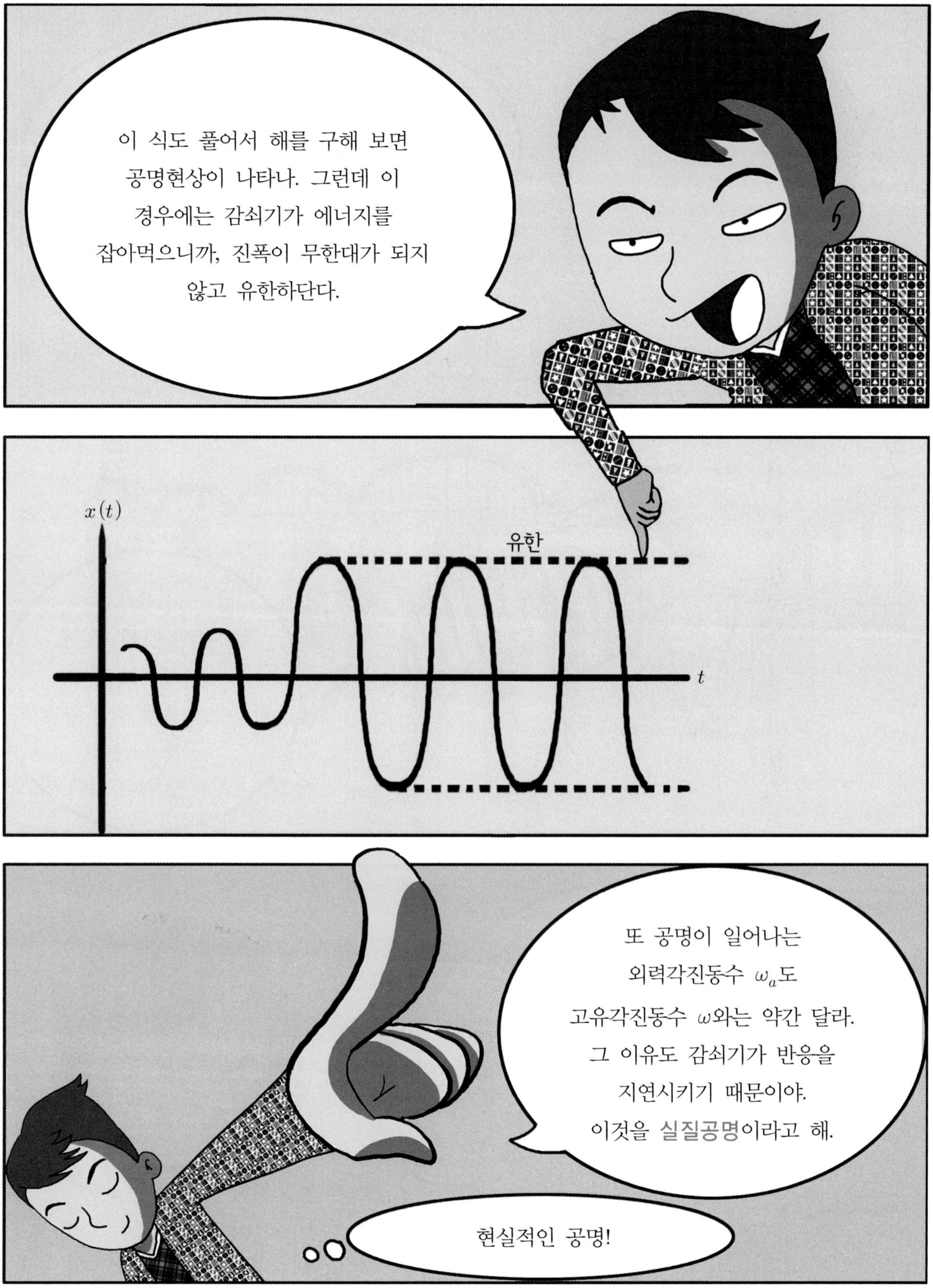
이 식도 풀어서 해를 구해 보면 공명현상이 나타나. 그런데 이 경우에는 감쇠기가 에너지를 잡아먹으니까, 진폭이 무한대가 되지 않고 유한하단다.
$x(t)$
유한
t
또 공명이 일어나는 외력각진동수 ω_a도 고유각진동수 ω와는 약간 달라. 그 이유도 감쇠기가 반응을 지연시키기 때문이야. 이것을 실질공명이라고 해.
현실적인 공명!

공명이 일어나면 진폭이 매우
커져서 물체가 파괴될 수 있기
때문에 공명방지 설계를 한단다.
에너지를 계속
흡수하는 거지.
으 아 아~
실제로
1940년 11월 7일에
미국의 워싱턴주
타코마 해협에 놓인 다리가
공명 때문에
무너진 적이 있어.
시속 190km의
강한 바람(이것은 진폭)에도
견딜 수 있다고 자랑하던 다리가
완공 석 달 만에
시속 70km의 바람에
어이없이 무너진 거지.

공명을 생각하지 않았군요.
바람이 약하더라도(진폭이 작더라도)
바람의 각진동수 (외력진동수 ω_a)가
다리의 고유 진동수 ω
(흔들리려는 진동수)와 유사하면,
왔다 갔다 하는 바람이 분거지.
진폭이 점점 커져서
무너질 수 있다는 것을
생각 못한 거군요!
또, 멕시코에서는
지진이 왔는데
중간 높이 건물들이 주로 무너진 적이 있지.
비행기 같은 것도
엔진의 각진동수 ω_a와
날개의 고유각진동 ω를
다르게 설계해야 돼.

퀴즈 1 마찰이 없는 바닥 위에 질량 $m = 460\ g$의 쇠공이 스프링 상수 $k = 58\ \text{N/m}$의 스프링에 매달려 있다. 쇠공을 평형위치 $x = 0$에서 $x = 14\ \text{cm}$만큼 당겼다가 (이때를 $t = 0$로 놓음) 놓았다.

스프링의 질량은 무시한다.

(a) 쇠공의 각진동수, 진동수, 주기, 초대변위(진폭)을 구하라.

(b) 쇠공의 최대속력, 최대 가속도의 크기를 구하라.

(c) 쇠공의 위상각을 구하라.

(d) 쇠공의 변위 함수 $x(t)$를 구하라.

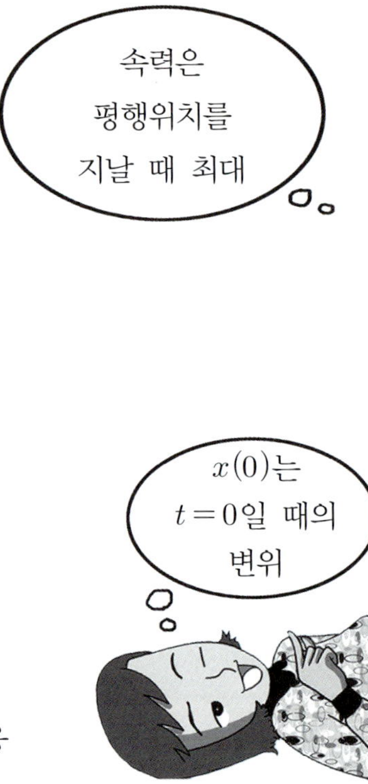

답

(a) 각진동수 $\omega = \sqrt{\dfrac{k}{m}} = \sqrt{\dfrac{58\ \text{N/m}}{0.46\ \text{kg}}} \approx 11\ \text{rad/s}$

진동수 $f = \dfrac{\omega}{2\pi} = \dfrac{11\ \text{rad/s}}{2(3.14)\ \text{rad}} \approx 1.8\ s^{-1} = 1.8\ \text{Hz}$

주기 $T = \dfrac{1}{f} \approx 0.56\ s$

최대변위(진폭) $x_m = 14\ \text{cm}$

(b) 최대속력 v_m = 속도진폭 $\omega x_m = (11\ \text{rad/s})(0.14\ \text{m})$

$\approx 1.5\ \text{m/s}$

최대가속의 크기 a_m = 가속도 진폭 $\omega^2 x_m$

$= (11\ \text{rad/s})^2 (0.14\ \text{m}) \approx 17\ \text{m/s}^2$

(c) 위상각 ϕ를 구하기 위하여 아래 식에 $x(0) = x_m$을 적용

$x(t) = x_m \cos(\omega t + \phi)$

$x(0) = x_m \cos(\omega(0) + \phi) = x_m$

따라서 $\cos\phi = 1 \rightarrow \phi = 0\ \text{rad}$

(d) 아래 식에 구한 값들을 대입

$x(t) = x_m \cos(\omega t + \phi)$

$x_m = 0.14\ \text{m},\ \omega = 11\ \text{rad/s},\ \phi = 0$대입

$x_m = (0.14\ \text{m}) \cos\{(11\ \text{rad·s})t + 0\}$

$= 0.14 \cos(11t)$

퀴즈 2 $t=0$일 때 스프링-쇠공으로 이루어진 선형 진동자의 변위 $x(0)=-0.0850\,\text{m}$이고, 속도 $v(0)=-0.840\,\text{m/s}$이며, 가속도 $a(0)=36.0\,\text{m/s}^2$이다.

(a) 각진동수 ω를 구하라.

(b) 위상각 ϕ와 진폭 x_m을 구하라.

답 (a) 선형진동자의 변위 $x(t)=x_m\cos(\omega t+\phi)$

속도는 변위를 미분하여 $v(t)=-\omega x_m\sin(\omega t+\phi)$

가속도는 속도를 미분하여 $a(t)=-\omega^2 x_m\cos(\omega t+\phi)$

이 식들에 $t=0$를 대입하면

$x(0)=x_m\cos\phi$ (1)

$v(0)=-\omega x_m\sin\phi$ (2)

$a(0)=-\omega^2 x_m\cos\phi$ (3)

(3)식을 (1)식으로 나누면

$$\frac{a(0)}{x(0)}=\frac{-\omega^2 x_m\cos\phi}{x_m\cos\phi}=-\omega^2$$

$$\omega=\sqrt{-\frac{a(0)}{x(0)}}=\sqrt{-\frac{36.0\,\text{m/s}^2}{-0.0850\,\text{m}}}=20.6\,\text{rad/s}$$

(b) (2)식을 (1)식으로 나누면

$$\frac{v(0)}{x(0)}=\frac{-\omega x_m\sin\phi}{x_m\cos\phi}=-\omega\tan\phi$$

$$\tan\phi=-\frac{v(0)}{\omega x(0)}=-\frac{-0.840\,\text{m/s}}{(20.6\,\text{rad/s})(-0.0850\,\text{m})}$$

$=-0.480\text{c}$

$\phi=\tan^{-1}(-0.480)=-25°$ 또는 $155°$

이 중 어느 것이 맞는지 진폭 x_m을 계산해 보면

(1)식으로부터

$$x_m=\frac{x(0)}{\cos\phi}$$

i) $\phi=-25°$일 경우

$$x_m=\frac{-0.0850\,\text{m}}{\cos(-25°)}=-0.0938\,\text{m}$$

ii) $\phi=155°$일 경우 $x_m=\dfrac{-0.0850\,\text{m}}{\cos(155°)}$

$=-0.0938\,\text{m}=9.38\,\text{cm}$

따라서

$\phi=155°$, $x_m=9.38\,\text{cm}$

퀴즈 3 마찰이 없는 바닥 위에 질량 $m = 3.5\text{ kg}$의 쇠공이 스프링에 매달려 진폭 $x_m = 0.23\text{ m}$, 진동수 $f = 8.2\text{ Hz}$로 진동하고 있다.

스프링의 질량은 무시한다.

(a) 스프링-쇠공의 역학에너지 E를 구하라.

(b) 평형점을 통과할 때의 쇠공의 속력을 구하라.

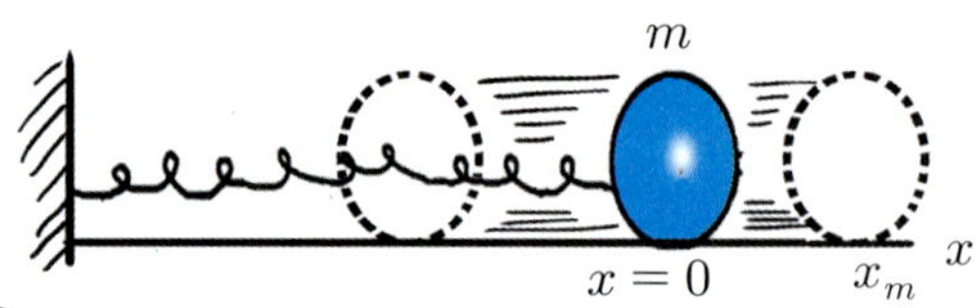

답 (a) 역학에너지 E=운동에너지 $\left(K = \frac{1}{2}mv^2\right)$+스프링의 퍼텐셜에너지 $\left(U = \frac{1}{2}kx^2\right)$

진동중의 역학에너지는 일정하므로 어디에서 구해도 무방

속력 $v = 0$인 $x = x_m$에서 구하면 $K = 0$이므로 U만 구하면 된다.

U에는 스프링 상수 k가 들어 있으므로 다음을 이용

$$\omega = \sqrt{\frac{k}{m}},\ \omega = 2\pi f \rightarrow 2\pi f = \sqrt{\frac{k}{m}},\ (2\pi f)^2 = \frac{k}{m},$$

$$k = m(2\pi f)^2 = (3.5\text{ kg})\{(2)(3.14)(8.2\text{ Hz})\}^2 \approx 9.3 \times 10^3\text{ N/m}$$

따라서

$$E = K + U = 0 + \frac{1}{2}(9.3 \times 10^3\text{ N/m})(0.23\text{ m})^2 \approx 2.5 \times 10^2\text{ J}$$

(b) 평형점 $x = 0$일 때의 퍼텐셜에너지 $U = \frac{1}{2}kx^2 = 0$

따라서

$$E = K + U = \frac{1}{2}mv^2 + 0 = 2.5 \times 10^2\text{ J}$$

$$v = \sqrt{\frac{(2)(2.5 \times 10^2\text{J})}{m}} = \sqrt{\frac{(2)(2.5 \times 10^2\text{ J})}{3.5\text{ kg}}} = 12\text{ m/s}$$

퀴즈 4 회전관성 $I_A = 2.6 \times 10^{-3}\,\mathrm{kg \cdot m^2}$인 비틀림 진자 A의 각진동주기 $T_A = 4.2\,\mathrm{s}$이었다.
같은 줄에 비틀림 진자 B를 매달았을 때의 각진동주기 $T_B = 2.1\,\mathrm{s}$이었다면 비틀림 진자 B의 회전관성 I_B는 얼마인가?

답 비틀림 진자 A의 각진동 주기 T_A는

$$T_A = 2\pi\sqrt{\frac{I_A}{\kappa}}, \quad T_A^2 = (2\pi)^2\frac{I_A}{\kappa}$$

$$\kappa = \frac{(2\pi)^2 I_A}{T_A^2}$$

$$= \frac{2^2(3.14)^2(2.6\times10^{-3}\,\mathrm{kg\cdot m^2}}{(4.2s)^2}$$

$$= 2.4\times10^{-2}\,\mathrm{kg\cdot m^2/s^2}$$

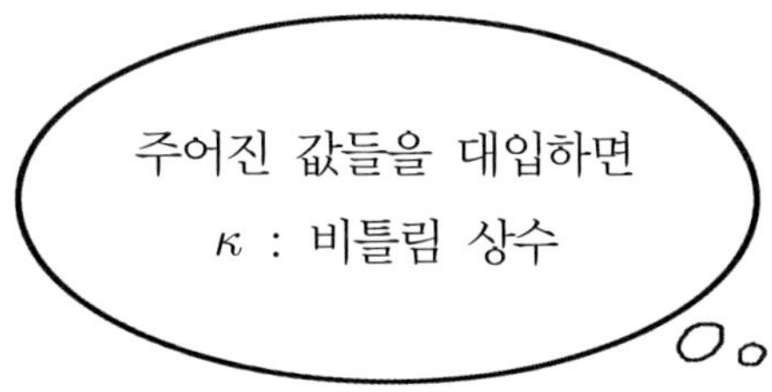

비틀림 진자 B의 각진동 주기 T_B는

$$T_B = 2\pi\sqrt{\frac{I_B}{\kappa}}, \quad T_B^2 = (2\pi)^2\frac{I_B}{\kappa}$$

$$I_B = \frac{\kappa T_B^2}{(2\pi)^2} = \frac{(2.4\times10^{-2}\,\mathrm{kg\cdot m^2/s^2})(2.1\,\mathrm{s})^2}{2^2(3.14)^2}$$

$$= 2.7\times10^{-3}\,\mathrm{kg\cdot m^2}$$

퀴즈 5

질량 1.2 kg, 회전관성 $I = 2.4\ \mathrm{kg \cdot m^2}$인 물리 진자가
질량중심 C에서 거리 $h = 0.56\ \mathrm{m}$ 떨어진 한 끝을 회전축으로 하여 진동하고 있다.

(a) 진동주기 T를 구하라.

(b) 매단 점 O와 진동중심 P 사이의 거리 L을 구하라.

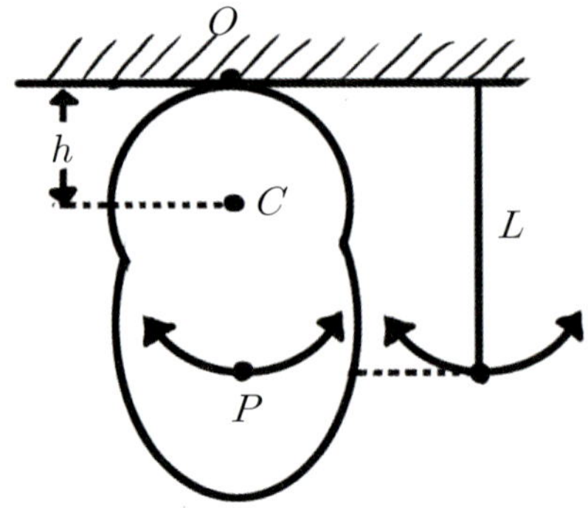

답

(a) 물리 진자의 주기 $T = 2\pi\sqrt{\dfrac{I}{mgh}}$

주어진 값을 대입하면

$$T = 2(3.14)\sqrt{\frac{2.4\ \mathrm{kg \cdot m^2}}{(1.2\ \mathrm{kg})(9.8\ \mathrm{m/s^2})(0.56\ \mathrm{m})}}$$

$$\approx 3.8\ \mathrm{s}$$

(b) 물리 진자가 점 P를 중심으로 진동하므로, 점 O와 점 P 사이의 길이 L과 같은 길이의 단진자와 주기가 같아야 한다. 길이 L인 단진자의 주기 T는

오른쪽 그림

$$T = 2\pi\sqrt{\frac{L}{g}}, \quad T^2 = (2\pi)^2\frac{L}{g}$$

$$L = \frac{gT^2}{(2\pi)^2}$$

$$= \frac{(9.8\ \mathrm{m/s^2})(3.8\ \mathrm{s})^2}{2^2(3.14)^2}$$

$$\approx 3.6\ \mathrm{m}$$

T에 (a)에서
구한 값을 대입

퀴즈 6 천 장에 매달려 있는 스프링에 쇠공을 연결하고 잡아당겼다 놓았다. 진동 중에 작용하는 알짜 힘을 구하라.

답 스프링에 쇠공을 연결했을 때 쇠공에 작용하는 중력에 의해 정지 상태에서 스프링이 늘어난 길이를 x_0라고 하면, 힘의 평형에 의해

$F_g - kx_0 = 0$

$F_g = kx_0$

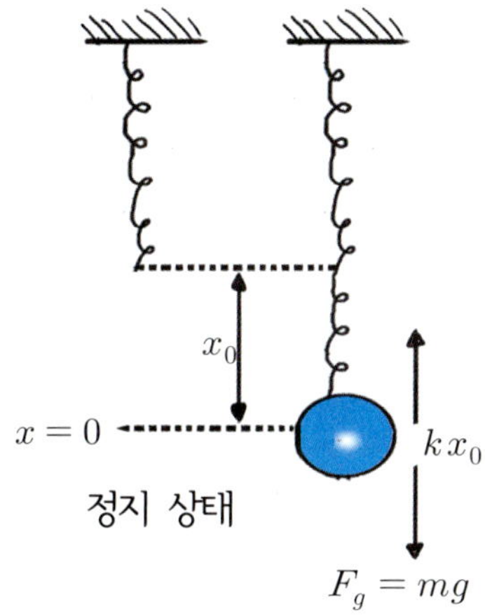

아래 방향(스프링이 늘어나는 방향)을 (+)로 잡았음.

자 이제 쇠공을 잡아 당겼다 놓으면 쇠공이 진동한다. 진동중의 한 순간에서 사진을 찍었더니 옆의 그림과 같았다고 하자. 이때 스프링이 늘어난 총길이는 $(x_0 + x)$이므로 스프링력은 $-k(x_0 + x)$이고, 중력은 그대로 F_g이다. 이 두 힘이 쇠공에 작용하는 모든 힘이므로 알짜 힘 F_{net}는 이 두 힘의 벡터합이다. 즉,

$F_{net} = F_g - k(x_0 + x)$

$\quad = F_g - kx_0 - kx$

그런데 $F_g = kx_0$이므로

$$F_{net} = -kx$$

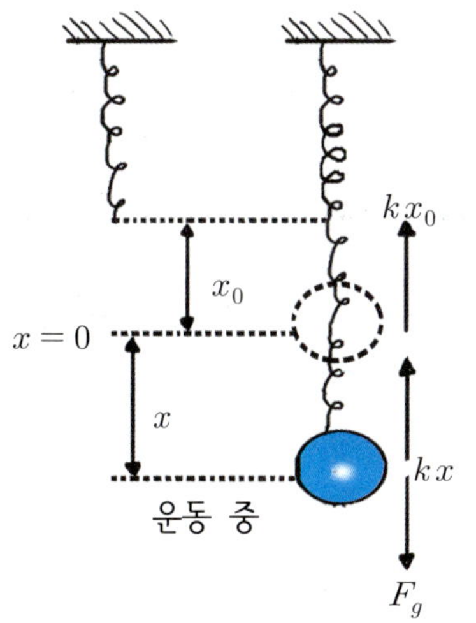

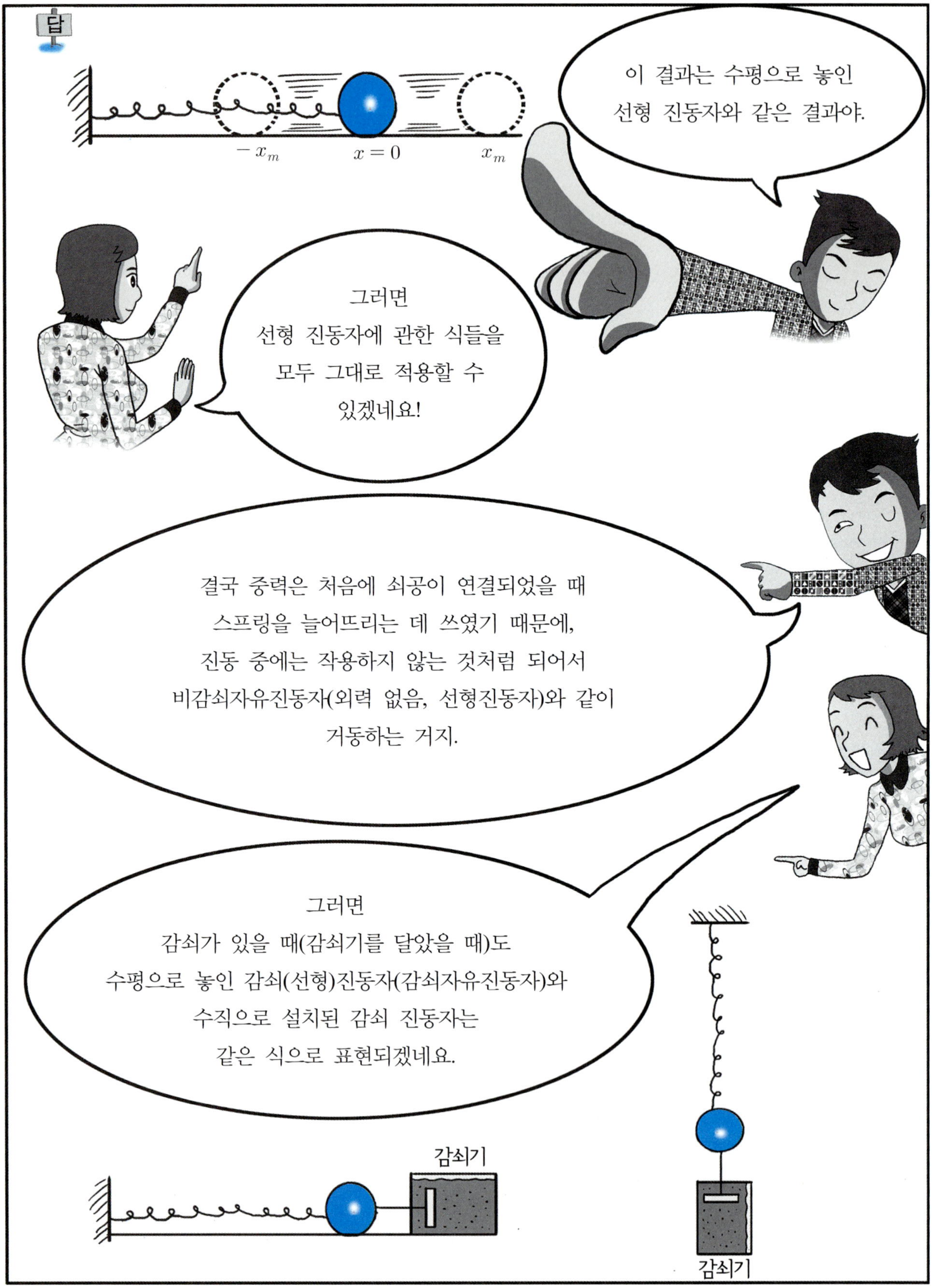
답
$-x_m$
$x=0$
x_m
이 결과는 수평으로 놓인 선형 진동자와 같은 결과야.
그러면 선형 진동자에 관한 식들을 모두 그대로 적용할 수 있겠네요!
결국 중력은 처음에 쇠공이 연결되었을 때 스프링을 늘어뜨리는 데 쓰였기 때문에, 진동 중에는 작용하지 않는 것처럼 되어서 비감쇠자유진동자(외력 없음, 선형진동자)와 같이 거동하는 거지.
그러면 감쇠가 있을 때(감쇠기를 달았을 때)도 수평으로 놓인 감쇠(선형)진동자(감쇠자유진동자)와 수직으로 설치된 감쇠 진동자는 같은 식으로 표현되겠네요.
감쇠기
감쇠기

퀴즈 7 옆의 그림과 같은 감쇠(자유)진동자의 쇠공의 질량 $m = 180$ g, 스프링 상수 $k = 6.4$ N/m, 감쇠상수 $b = 56$ g/s이다. 스프링과 저항판과 저항판을 연결한 막대의 질량은 무시한다.

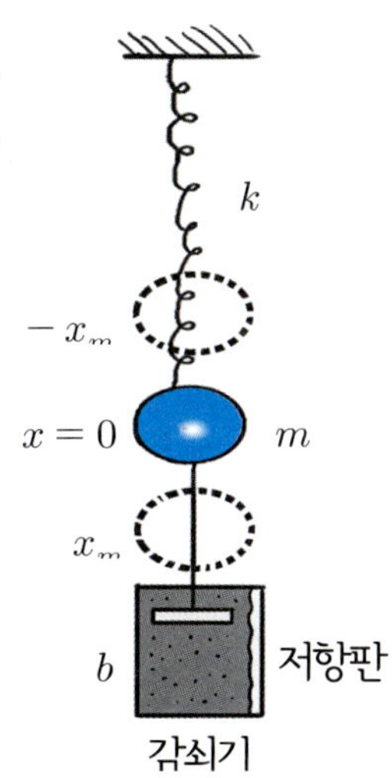

(a) 쇠공의 진동주기를 구하라.

(b) 쇠공의 진폭이 초깃값의 반으로 줄어드는 데 걸리는 시간을 구하라.

(c) 감쇠 진동자의 역학에너지가 초깃값의 반으로 줄어드는 데 걸리는 시간을 구하라.

답 (a) 감쇠진동자의 각진동수 ω_d는

$$\omega_d = \sqrt{\frac{k}{m} - \frac{b^2}{4m^2}}$$

또 주기 T는 $T = \dfrac{2\pi}{\omega}$ 따라서

$$T = \frac{2\pi}{\sqrt{\dfrac{k}{m} - \dfrac{b^2}{4m^2}}} = \frac{2(3.14)}{\sqrt{\dfrac{6.4}{0.18} - \dfrac{(0.056)^2}{4(0.18)^2}}} \approx 1.1\ s$$

(b) 감쇠진동자의 변위 $x(t)$는

$$x(t) = x_m e^{-bt/2m} \cos(\omega_d t + \phi)$$

따라서 시간 t에서의 진폭은 $x_m e^{-bt/2m}$이다. 여기에 $t = 0$를 넣은 초기변위는 $x_m e^{-b(0)/2m} = x_m$이다. 초기변위의 반은 $\frac{1}{2}x_m$. 그러므로 진폭 $x_m e^{-bt/2m} = \frac{1}{2}x_m$인 시간 t를 구하면 된다. 따라서 $e^{-bt/2m} = \frac{1}{2}$.

e를 없애기 위해서 양변에 자연로그(ln)을 취하면

$$\ln(e^{-bt/2m}) = \ln\left(\frac{1}{2}\right)$$

$$-bt/2m = \ln\left(\frac{1}{2}\right)$$

$$t = -\frac{2m}{b}\ln\left(\frac{1}{2}\right) = -\frac{(2)(0.18\ \text{kg})}{0.056\ \text{kg/s}}\ln\left(\frac{1}{2}\right)$$

$$\approx 4.5\ s$$

답 (c) 감쇠진동자의 역학에너지 $E(t)$는

$$E(t)=\frac{1}{2}kx_m^2\,e^{-bt/m}$$

$t=0$를 대입하여 초기 역학에너지를 구하면

$$E(0)=\frac{1}{2}kx_m^2\,e^{-b(0)/m}=\frac{1}{2}kx_m^2$$

시간 t에서의 역학에너지 $E(t)$가 초깃값 $E(0)$의 $\frac{1}{2}$이어야 하므로

$$\frac{1}{2}kx_m^2\,e^{-bt/m}=\frac{1}{2}\left(\frac{1}{2}kx_m^2\right)$$

$$e^{-bt/m}=\frac{1}{2}$$

양변에 자연로그 ln을 취해서 e를 없애면

$$\ln\left(e^{-bt/m}\right)=\ln\left(\frac{1}{2}\right)$$

$$-bt/2m=\ln\left(\frac{1}{2}\right)$$

$$t=-\frac{m}{b}\ln\left(\frac{1}{2}\right)=-\frac{(2)0.18\ \text{kg}}{0.056\ \text{kg/s}}\ln\left(\frac{1}{2}\right)$$

$$\approx 2.2\ s$$

4. 파동

파동의 종류
퐁
수면파, 음파, 지진파 등을
역학적 파동이라고 해. 역학적 파동은
뉴턴의 운동방정식으로 결정되고,
물, 공기, 바위 같은 물질로 이루어진
매질 안에만 존재해.
다른 종류의 파동으로는
전자기파가 있어.
라디오파, TV파, 마이크로파,
가시광선, 자외선, 엑스선,
감마선 등이
전자기파지.

전자기파는
매질이 필요 없어.
별빛은 우주의 진공을 통과해서
우리에게 도달하니까.
모든 전자기파는
진공 중에서 같은 속력
$c = 3.0 \times 10^8$ m/s
로 진행하지

마지막으로 물질파라는 것이 있어.
빛을 매우 어둡게 한 후 사진 필름에
쪼이면 점이 나타나.
손전등
사진필름

이 점을 광(양)자라고 하지.
즉, 파동인 빛이 입자의 성질도
가지고 있는 거야.
이것을 거꾸로 생각해서
전자, 양성자 같은 입자도
파동의 성질을 가지고 있는데
이것을 물질파라고 해.

횡파와 종파
문고리에 줄을 매고 흔들어 봐.
→
계속 흔들어봐.
이와 같이
변위가 파동의 진행방향과
수직인 파동을
횡파라고 해.
진행방향
변위
그리고 음파와 같이 변위가 파동의 진행방향과
평행인 파동을 종파라고 하지.
우우우~
간지러워
진행방향(소밀파)
변위

주의할 점은 횡파나 종파 모두 움직이는 것은 파동이지 물질(줄이나 공기)이 전달되는 것은 아니야.
여기서는 역학적 파동 중에서 횡파, 그것도 팽팽한 줄을 따라 이동하는 파동에 대해서만 공부해 보기로 하자.
1차원 파동
파장과 진동수
줄의 파동(1차원 파동)의 변위를 나타내기 위해서는 2개의 변수(x, t)가 필요해.
좌표축을 이렇게 잡고 생각해 보자.
y
t = t1
y1
x2
x
x1
y2
t = t2
y
x
x1

y축으로 잡은 변위는 줄 위의 위치 x에 따라 달라. 예를 들면 x_1에서의 변위는 y_1이고 x_2에서의 변위는 y_2이지. 그러니까 변위 y는 x의 함수야.
또 줄 위의 위치가 같더라도 시간 t에 따라 변위 y가 다르군요. 예를 들면 같은 위치 x_1의 변위는 시간 t_1에서는 y_1이고 시간 t_2에서는 영이네요. 따라서 변위 y는 시간 t의 함수이기도 하네요.
$y(x, t)$ 2변수함수
이와 같은 파동은 통상 사인함수로 나타내서 다음과 같은 식으로 표기하지.
$y(x, t) = y_m \sin(kx - \omega t)$
코사인 함수로 나타낼 수도 있어. 위상각만 90° 바꾸면 되니까.
이 식에서 각 항이 나타내는 것은 아래와 같아.
진동항
위상
$y(x, t) = y_m \sin(kx - wt)$
변위 진폭 각파동수 위치 각진동수 시간

진폭 y_m, 위치 x, 각진동수 ω, 시간 t는 알겠는데.
y
y_m
x
진폭은 항상 양의 값임.

각파동수 k는 뭐지?
앞에서 나온
스프링 상수 k하고는
다른 거잖아?

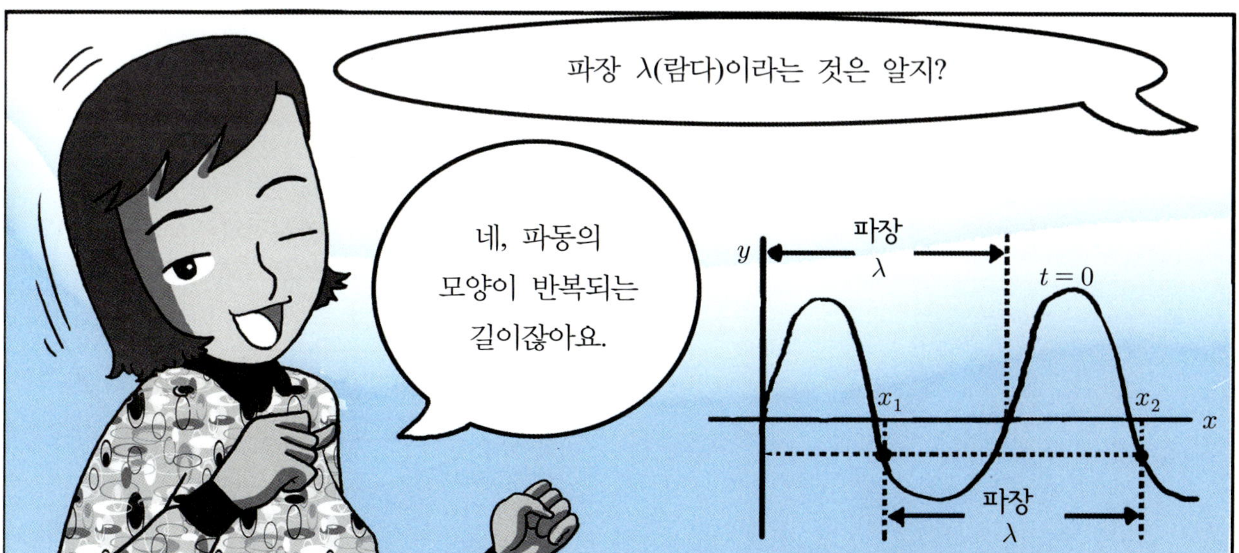

파장 λ(람다)이라는 것은 알지?
네, 파동의
모양이 반복되는
길이잖아요.
y
파장
λ
$t=0$
x_1
x_2
x
파장
λ

간단히 하기 위해서
시간 $t=0$인 경우를
생각해 보자.
$y(x,\ t)=y_m\sin(kx-\omega t)$
식에 $t=0$를 대입하면
$y(x,\ 0)=y_m\sin(kx-\omega(0))$
$=y_m\sin kx$

예를 들어
위치 x_1에서 한 파장 지난 위치를
$x_2(=x_1+\lambda)$라고 하면
이 두 위치의 변위는 같겠지?
따라서 위 식에 x_1과 $x_1+\lambda$를 대입하면
$y_m\sin kx_1=y_m\sin k(x_1+\lambda)$
$=y_m\sin(kx_1+k\lambda)$

그런데 사인함수는
각도가 $2\pi\ rad$ 증가하면
값이 같아지니까
$k\lambda=2\pi$
이어야 해. 따라서
$k=\dfrac{2\pi}{\lambda}$

$k = \frac{2\pi}{\lambda}$
이 k를 각파동수라고 불러

그러니까 각파동수는 2π 내에 파장(파동)이 몇 개 들어가 있는지 그 수를 나타내는 거야.
그래서 각파동수라고 그러는 거구나.

각진동수 ω는 선형진동자와 마찬가지로
$\omega = \frac{2\pi}{T}$
이고
rad/s

진동수 f도
$f=\frac{1}{T}$로 정의하므로
$f=\frac{1}{T}=\frac{\omega}{2\pi}$
같은 식이 되지.
H_z
$\omega=2\pi f$
또 위상각(위상상수)를
ϕ라고 하면
이것을 추가한
일반적인 파동함수는
$y=y_m\sin(kx-\omega t+\phi)$ 가 됨.

진행파동의 속력
속력=거리/시간이지? 진행파(동)가 한 파장 λ만큼 이동할 때 걸리는 시간은 얼마겠니?
한 주기 T 이동한 것이니까 T초겠죠!
그러면 진행파의 속력을 구해봐라.
속력 v=거리/시간, 따라서 v=λ/T 네요.

그런데
$\frac{1}{T} = f$(진동수)니까
$v = \lambda f$
가 되는 거야.
또 $k = 2\pi/\lambda \rightarrow \lambda = \frac{2\pi}{k}$
k : 각파동수
$\omega = \frac{2\pi}{T} = 2\pi f \rightarrow f = \frac{\omega}{2\pi}$니까
ω : 각진동수
이것들을 위 식에 대입하면
$v = \left(\frac{2\pi}{k}\right)\left(\frac{\omega}{2\pi}\right)$
$v = \frac{\omega}{k}$
라고 쓸 수도 있지.

한편 앞의 파동함수
$y(x, t) = y_m \sin(kx - \omega t)$
는 시간 t가 증가함에 따라 파동이
오른쪽으로 평행이동 되므로
우진행파라고 부른단다.
우진행파
y
x
$t = 0$
$t = \Delta t$
그리고 t를 $(-t)$로 바꾼 식
$y(x, t) = y_m \sin(kx + \omega t)$
는 시간 t가 증가하면 파동이
왼쪽으로 평행이동 되므로
좌진행파라고 부르지.
좌진행파
y
x
$t = \Delta t$
$t = 0$

팽팽한 줄을 통해 진행하는 파동의 속력은 또 줄의 장력 τ(타우)와 선밀도 μ(뮤)에 의해서 나타낼 수도 있어.
파동의 주기 T와 구별하기 위해 장력을 τ라고 놓았어.
뉴턴의 제2법칙(F=ma)를 적용해서 속도를 구하는 거지.
오른쪽으로 진행하는 펄스 파동을 어느 순간에 사진을 찍었더니 아래 그림과 같다고 하자.
ΔL
θ θ
R
줄의 작은 요소 ΔL 부분을 확대해서 그리면
ΔL
τcosθ
τcosθ
τ
90−θ
θ
R
θ
θ
τcosθ
τsinθ
θ θ

우선 장력 τ의 수평방향의 성분은 $\tau\cos\theta - \tau\cos\theta = 0$ 으로 상쇄됨.
크기는 같고 방향이 반대.
수직성분 $\tau\sin\theta$는 크기도 같고 방향도 같으니까 더해져서 $F = 2\tau\sin\theta \approx \tau(2\theta)$
이것이 복원력이야.
θ가 작으면 $\sin\theta \approx \theta$
그런데 원호의 길이 ΔL은 $\Delta L = R(2\theta)$ $\rightarrow 2\theta = \frac{\Delta L}{R}$ 대입하면 $F = \tau\frac{\Delta L}{R}$
줄의 선밀도를 μ라고 하면 ΔL의 질량 m은 $m = \mu\Delta L$ 또 ΔL에 작용하는 구심가속도 a는 $a = \frac{v^2}{R}$
이제 $F = ma$를 적용할 수 있겠지?

네.
$F = \tau\frac{\Delta L}{R}$ 이고
$ma = \mu\Delta L\frac{v^2}{R}$ 이니까
$\tau\frac{\Delta L}{R} = \mu\Delta L\frac{v^2}{R}$
따라서
$v^2 = \frac{\tau}{\mu}$
$v = \sqrt{\frac{\tau}{\mu}}$
가 되는군요!
줄을 따라 진행하는 파동의 에너지와 일률
팽팽한 줄에 파동을 만들 때
줄이 운동에너지를 공급하지.
파동이 진행됨에 따라서

이 에너지는 운동에너지와 탄성에너지로 전달됨.
운동에너지는 세로속도 v_y와 관련이 있어. (세로속력은 주어진 x좌표에서의 변위 y의 시간변화)
y
$t=t_1$
$t=t_2$
속력 $v=\frac{\Delta x}{\Delta t}$
①
②
x
세로속력 $v_y=\frac{\Delta y}{\Delta t}$
옆의 그림에서 ①번 부분은 줄이 아래위로 (세로로) 늘어나지 않으므로 세로속도 $v_y=0$ → 운동에너지=0가 되지.

앞의 그림 ②번 ($y=0$이 되는) 부분에서는 줄이 아래위로 (세로로) 가장 많이 늘어나서 세로속도가 최대가 되고 운동에너지도 최대가 된단다.
탄성에너지도 유사하게 생각할 수 있겠네요. ①번 부분(변위가 최대인 부분)에서는 줄이 늘어나지 않고 그대로 펴져 있으므로 탄성에너지는 영이지요.
②번 부분($y=0$인 부분)에서는 줄이 가장 많이 늘어나 있으므로 탄성에너지가 최대가 되는군요.

파동이 줄을 따라 진행함에 따라서 줄의 장력에 의한 힘은 에너지가 있는 영역에서 없는 영역으로 에너지를 전달하는 거야.
즉, 파동이 줄을 따라서 에너지를 전달시킨다고 할 수 있지.
이 에너지 전달률을 계산해 보자.

질량 dm을 갖는 줄 요소의 운동에너지 dK는
$dk = \frac{1}{2} dm v_y^2$
v_y는 세로속력
y
$t = t_1$
$t = t_2$
속력 v
x
세로속력 v_y
(주어진 x좌표에서의 변위 y의 시간변화(미분))
v_y는 변위 y를 시간 t로 미분한 것이니까
$y = y_m \sin(kx - \omega t)$
x는 상수로 간주
$v_y = \frac{\partial y}{\partial t} = -\omega y_m \cos(kx - \omega t)$
위의 줄 요소가 길이가 dx이고 선 밀도가 μ라면
질량 dm은
$dm = \mu dx$

$dk = \frac{1}{2} dmv_y^2$식에
이것들을 대입하면
$dk = \frac{1}{2}(\mu dx)(-\omega y_m)^2 \cos^2(kx - \omega t)$
운동에너지 dK를 dt로 나누면 줄 요소를 통과하는 파동이 운반하는 운동에너지의 시간당 전달률이 되지.
$\frac{dK}{dt} = \frac{1}{2}\left(\mu \frac{dx}{dt}\right)(\omega^2 y_m^2) \cos^2(kx - \omega t)$
여기서 $dx/dt = v$
(파동의 속력)이므로 대입하면
$\frac{dK}{dt} = \frac{1}{2} \mu v \omega^2 y_m^2 c0s^2(kx - \omega t)$

운동에너지의 평균전달률을 생각하면
$\left(\frac{dK}{dt}\right)_{avg} = \frac{1}{2}\mu v\omega^2 y_m^2 \{\cos^2(kx-\omega t)\}_{avg}$
$= \frac{1}{4}\mu v\omega^2 y_m^2$
여기서
$\{\cos^2(kx-\omega t)\}_{avg} = \frac{1}{2}$
이기 때문이야.
왜냐하면
$y = \cos^2 x$의 그래프는
y
1
x
-1
제곱이니까
(+)가 되어서 이 부분을 접어올린
형태가 되지.
이것의 평균값은 $\frac{1}{2}$과 같아.
y
1
$\frac{1}{2}$
x
-1
$\frac{1}{2}$보다
올라간 부분과
내려간 부분을 맞춰보면
똑같거든.

탄성퍼텐셜에너지도
평균전달률은 위의 식과 같아
$\left(\frac{dU}{dt}\right)_{avg} = \frac{1}{4}\mu v\omega^2 y_m^2$
따라서
이 두 에너지 전달률을
더한 것이 파동에 의해 전달되는
평균일률이지.
$P_{avg} = \left(\frac{dK}{dt}\right)_{avg} + \left(\frac{dU}{dt}\right)_{avg} = \frac{1}{2}\mu v\omega^2 y_m^2$
전달률=일률
파동방정식
줄을 따라 진행하는 파동을
기술하는 미분방정식을
파동방정식이라고 하는데
y
τ_1
τ_2
x
x $x+\Delta x$
미분방정식을
유도해 보자.
이때 어떤 순간에
줄의 사진을 찍었을 때
옆 그림과 같았다면
어떤 식을 사용하면
되겠니?

모든 물체의 운동은 뉴턴의 제2법칙에 의해 지배되니까 $F=ma$를 서야죠!
우선 알짜힘 F를 알아야겠군요.
윗 그림의 미소구간 $(x,\ x+\Delta x)$에 작용하는 알짜힘을 생각해봐.
$\tau_2 \sin\beta$
τ_2
β
$\tau_2 \cos\beta$
$\tau_1 \cos\alpha$
α
$\tau_1 \sin\alpha$
τ_1
장력 τ_1과 τ_2의 수평성분과 수직성분을 고려해 보죠.
① 수평성분 : 수평방향으로는 진동하지 않으므로 두 장력의 수평성분은 같아야 함. 즉
$\tau_1 \cos\alpha = \tau_2 \cos\beta$
이것을 상수 τ라고 놓으면
$\tau_1 \cos\alpha = \tau_2 \cos\beta = \tau$
② 수직성분 : 수직방향으로는 진동하므로 뉴턴의 제2법칙 적용.
알짜힘 $F = \tau_2 \sin\beta - \tau_1 \sin\alpha$가 되는군요.

뉴턴의 제2법칙을 적용하면
$F = \tau_2 \sin\beta - \tau_1 \sin\alpha$
$= ma$
미소구간(줄요소)
확대 그림
x
$x + \Delta x$
미소구간의 길이를 Δx라고
하고 선밀도를 μ라고 하면,
미소구간의 질량 m은
$m = \mu \Delta x$
미소구간이니까
직선이라고 간주
또, 가속도 a는
$a = \frac{\partial^2 y}{\partial t^2}$
변위 y를 두 번
미분하면 가속도
y는 x와
t의 함수(2변수 함수)
이므로
편미분이 됨.
∂은 라운드라고
읽음.
이것들을 m, a에 대입하면
$\tau_2 \sin\beta - \tau_1 \sin\alpha = \mu \Delta x \frac{\partial^2 y}{\partial t^2}$

이 식을 앞의 식
$\tau_1 \cos\alpha = \tau_2 \cos\beta = \tau$
로 나누면
$\frac{\tau_2 \sin\beta}{\tau_2 \cos\beta} - \frac{\tau_1 \sin\alpha}{\tau_1 \cos\alpha} = \frac{\mu \Delta x \frac{\partial^2 y}{\partial t^2}}{\tau}$
$\tan\beta - \tan\alpha = \frac{\mu \Delta x}{\tau} \frac{\partial^2 y}{\partial t^2}$
휴우
$\tan\beta$와 $\tan\alpha$는
각각 좌표 $x + \Delta x$와 x에서
기울기이므로 그 좌표들에서의
미분값과 같으므로
$\left(\frac{\partial y}{\partial x}\right)_{x+\Delta x} - \left(\frac{\partial y}{\partial x}\right)_x = \frac{\mu \Delta x}{\tau} \frac{\partial^2 y}{\partial t^2}$
양변을 Δx로 나누면
$\frac{1}{\Delta x}\left\{\left(\frac{\partial y}{\partial x}\right)_{x+\Delta x} - \left(\frac{\partial y}{\partial x}\right)_x\right\} = \frac{\mu}{\tau} \frac{\partial^2 y}{\partial t^2}$
양변에 $\lim_{\Delta x \to 0}$를 취하면
$\lim_{\Delta x \to 0} \frac{1}{\Delta x}\left\{\left(\frac{\partial y}{\partial x}\right)_{x+\Delta x} - \left(\frac{\partial y}{\partial x}\right)_x\right\} = \lim_{\Delta x \to 0} \frac{\mu}{\tau} \frac{\partial^2 y}{\partial t^2}$
좌변은 $\frac{\partial^2 y}{\partial x^2}$이 됨. 왜냐하면,
우변은 Δx가 없으니까 그대로 $\frac{\mu}{\tau} \frac{\partial^2 y}{\partial t^2}$

미분의 정의가
$f'(x) = \lim_{\Delta x \to 0} \frac{1}{\Delta x} \{f(x+\Delta x) - f(x)\}$
이니까
따라서
$\frac{\partial^2 y}{\partial x^2} = \frac{\mu}{\tau} \frac{\partial^2 y}{\partial t^2}$
이 되고
좌변은 공간좌표 x에 대해서 우변은 시간 t에 대해서 두 번 미분
두 번 미분한 것은
$f''(x) = \lim_{\Delta x \to 0} \frac{1}{\Delta x} \{f'(x+\Delta x) - f'(x)\}$
이기 때문이지.
앞에서 속도 v는
$v = \sqrt{\tau/\mu}$
이었으므로
$v^2 = \tau/\mu \rightarrow \frac{\mu}{\tau} = \frac{1}{v^2}$
이것을 대입하면
$\frac{\partial^2 y}{\partial x^2} = \frac{1}{v^2} \frac{\partial^2 y}{\partial t^2}$
이것을 파동방정식이라고 불러
미분방정식이네.

파동의 중첩원리
두 파동이 동시에 같은 영역을 지나는 경우는 많이 있어.
퐁
퐁
①
②
①
②
③
①
②
②
①
위 그림은 서로 반대 방향으로 진행하는 두 펄스 파동의 각 순간에서의 그림이야.
여기서는 간단한 1차원 파동의 경우, 즉 팽팽한 줄에 동시에 진행하는 두 파동에 대해 생각해 보자.

파동이 중첩될 때 합성파동은 두 파동의 합과 같아.
따라서 각각의 파동이 혼자 진행할 때 각각 $y_1(x, t)$, $y_2(x, t)$ 라고 하면
두 파동이 진행할 때의 변위는 $y(x, t) = y_1(x, t) + y_2(x, t)$ 가 되지.
두 파동의 대수적인 합이 되는군요.
중첩되는 파동의 합성파동은 각파동의 대수적인 합이다.
이것을 중첩원리라고 해.

그 의미는 여러 가지 효과가 동시에 일어날 때 알짜효과는 각 효과의 합이라는 것이지요.
또 앞의 그림에서, 각 펄스파동이 마치 다른 펄스파가 없는 것처럼 서로 지나갔지?
네, 중첩된 파동은 다른 파동의 진행을 방해하지 않죠.

파동의 간섭
이번에는 펄스파가 아니고 두 사인파의 중첩에 대해서 알아보자.
진폭과 파장이 같은 두 사인파가 줄을 따라 같은 방향으로 진행하면 어떻게 되겠니?
합성파동은 두 사인파의 위상이 얼마만큼 차이가 나는가에 따라 다르겠죠.
즉, 한파동의 형태가 다른 파동에 대해 얼마만큼 이동되었는지.

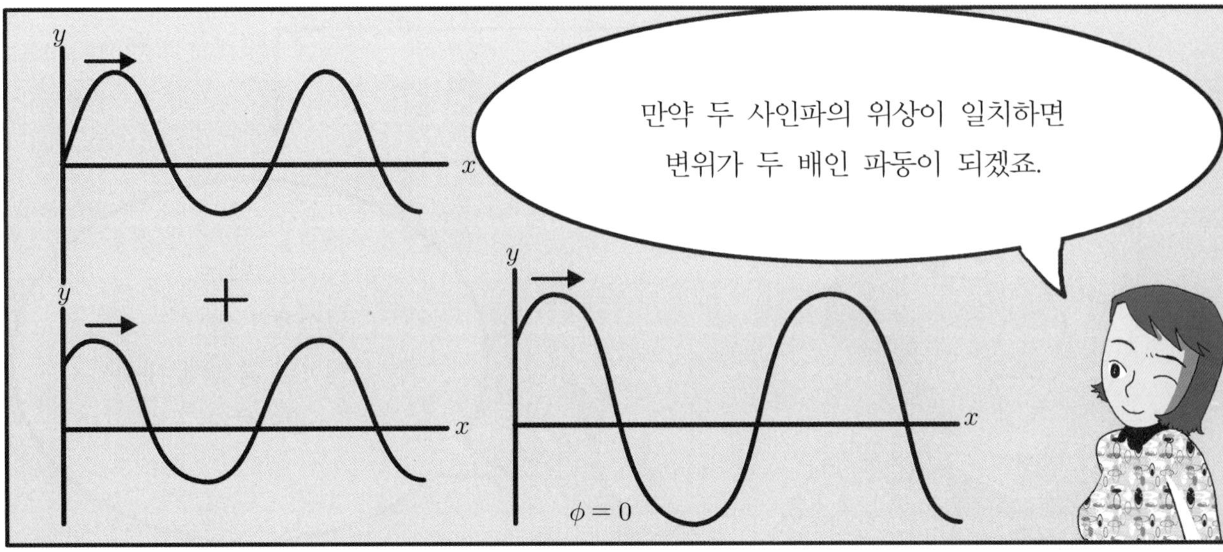
만약 두 사인파의 위상이 일치하면
변위가 두 배인 파동이 되겠죠.
ϕ = 0

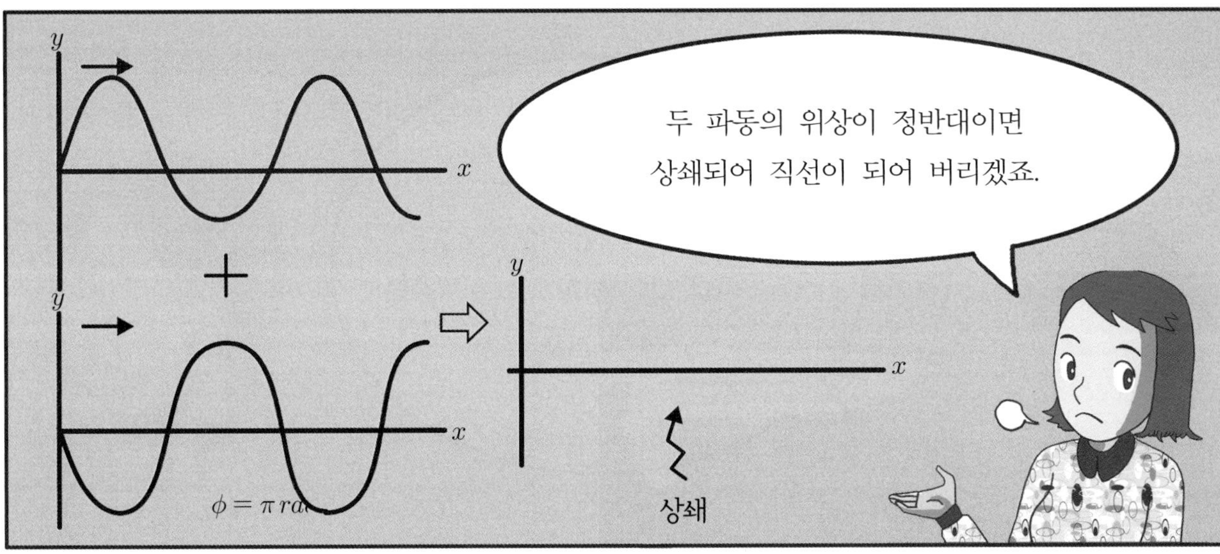
두 파동의 위상이 정반대이면
상쇄되어 직선이 되어 버리겠죠.
상쇄

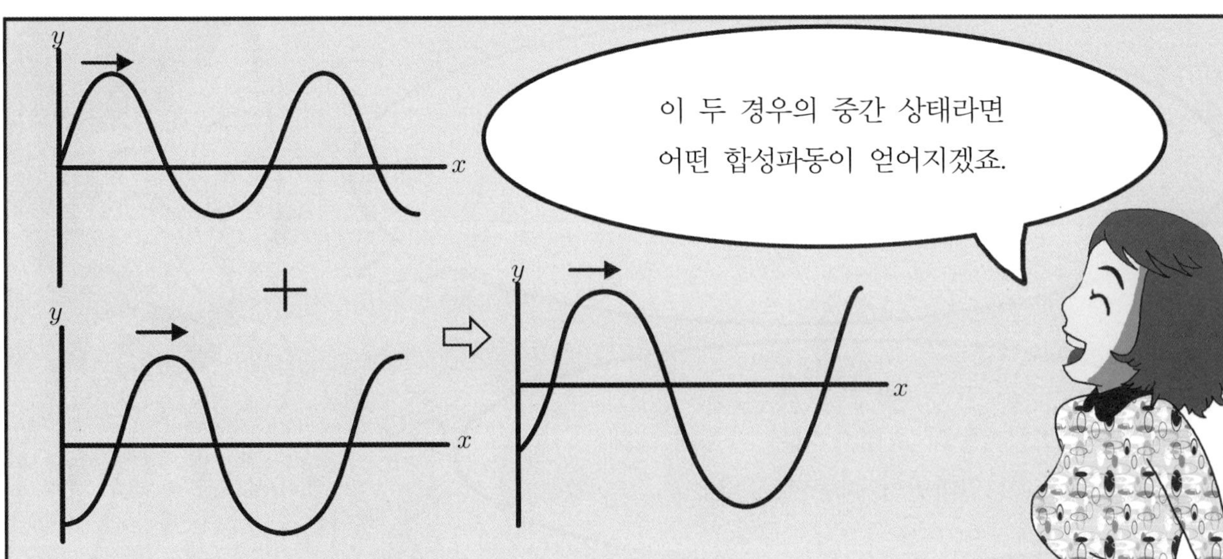
이 두 경우의 중간 상태라면
어떤 합성파동이 얻어지겠죠.

이러한 현상을 파동의 간섭이라고 해.
간섭현상은 파동의 변위에만 영향을 주고 진행에는 무영향,
간섭이 일어나면 각각의 파동은 보이지 않고, 줄에서 실제로 볼 수 있는 것은 합성파동이군요.
두 사인파의 간섭을 식으로 나타내보자.
파동1
$y_1(x, t) = y_m \sin(kx - \omega t)$
파동 2
$y_2(x, t) = y_m \sin(kx - \omega t + \phi)$
라고 하자.

이 두 파동은 진폭 y_m, 각파동수 k(따라서 파장 λ, $k=2\pi/\lambda$), 각진동수 ω(따라서 진동수 f, $\omega=2\pi f$) 가 모두 같아.
또, 두 파동은 둘 다 속력 $v=\sqrt{\frac{\tau}{\mu}}$ 로 x축의 양의 방향으로 진행하지.
다른 점은 위상각(위상 상수)이 ϕ만큼 차이가 난다는 것이야. 즉 각도 ϕ만큼 위상이 어긋나지.
이 두 파동을 합성해 봐.

합성파동은
두 파동의 대수적인 합이므로
$y(x, t) = y_1(x, t) + y_2(x, t)$
$= y_m \sin(kx - \omega t)$
$+ y_m \sin(kx - \omega t + \phi)$
$kx - \omega t = \alpha,\ kx - \omega t + \phi = \beta$
라고 놓으면 우변은
$y_m \sin\alpha + y_m \sin\beta$
$= y_m(\sin\alpha + \sin\beta)$
가 되요.
휴
그런데
$\sin\alpha + \sin\beta$
$= 2\sin\frac{1}{2}(\alpha+\beta)\cos\frac{1}{2}(\alpha-\beta)$
왜냐하면

삼각함수의 가감법 정리에 의하면
$\sin(\alpha+\beta)=\sin\alpha\cos\beta+\cos\alpha\sin\beta$
$\cos(\alpha-\beta)=\cos\alpha\cos\beta+\sin\alpha\sin\beta$
이것을 우변에 적용하면
$2\sin\frac{1}{2}(\alpha+\beta)\cos\frac{1}{2}(\alpha-\beta)$
$=2\left(\sin\frac{\alpha}{2}\cos\frac{\beta}{2}+\cos\frac{\alpha}{2}\sin\frac{\beta}{2}\right)$
$\left(\cos\frac{\alpha}{2}\cos\frac{\beta}{2}+\sin\frac{\alpha}{2}\sin\frac{\beta}{2}\right)$
전개하면
$2\left(\sin\frac{\beta}{2}\cos^2\frac{\beta}{2}\cos\frac{\alpha}{2}\right.$
$+\sin^2\frac{\alpha}{2}\cos\frac{\beta}{2}\sin\frac{\beta}{2}$
$+\cos^2\frac{\alpha}{2}\sin\frac{\beta}{2}\cos\frac{\beta}{2}$
$\left.+\cos\frac{\alpha}{2}\sin^2\frac{\beta}{2}\sin\frac{\alpha}{2}\right)$

정리하면
$2\left(\sin^2\frac{\beta}{2}+\cos^2\frac{\beta}{2}\right)\sin\frac{\alpha}{2}\cos\frac{\alpha}{2}$
$+\left(\sin^2\frac{\alpha}{2}+\cos^2\frac{\alpha}{2}\right)\sin\frac{\beta}{2}\cos\frac{\beta}{2}$
$=2\left(\sin\frac{\alpha}{2}\cos\frac{\alpha}{2}+\sin\frac{\beta}{2}\cos\frac{\beta}{2}\right)$
$\sin^2\theta+\cos^2\theta=1$
그런데 공식에 의하면
$\sin 2\theta=2\sin\theta\cos\theta \rightarrow$
$\sin\theta=2\sin\frac{\theta}{2}\cos\frac{\theta}{2} \rightarrow$
$\sin\frac{\theta}{2}\cos\frac{\theta}{2}=\frac{1}{2}\sin\theta$를 적용하면
예스
$2\left(\frac{1}{2}\sin\alpha+\frac{1}{2}\sin\beta\right)$
$=\sin\alpha+\sin\beta$
앞으로 돌아가서 합성파동
$y(x, t)=y_m(\sin\alpha+\sin\beta)$
$\alpha=kx-\omega t,\ \beta=kx-\omega t+\phi$

여기에
$\sin\alpha + \sin\beta$
$= 2\sin\frac{1}{2}(\alpha+\beta)\cos\frac{1}{2}(\alpha-\beta)$
를 적용하면
$y(x, t) = 2y_m \sin\frac{1}{2}(\alpha+\beta)\cos\frac{1}{2}(\alpha-\beta)$
그런데
$\frac{1}{2}(\alpha+\beta) = \frac{1}{2}\{(kx-\omega t)+(kx-\omega t+\phi)\}$
$= kx-\omega t+\frac{1}{2}\phi$
$\frac{1}{2}(\alpha-\beta) = \frac{1}{2}\{(kx-\omega t)-(kx-\omega t+\phi)\}$
$= -\frac{1}{2}\phi$
대입하면
$y(x, t) = 2y_m \sin\left(kx-\omega t+\frac{1}{2}\phi\right)\cdot\cos\left(-\frac{1}{2}\phi\right)$
순서를 바꿔쓰면
$y(x, t) = 2y_m \cos\left(-\frac{1}{2}\phi\right)\sin\left(kx-\omega t+\frac{1}{2}\phi\right)$

여기서 $\cos\left(-\frac{1}{2}\phi\right)=\cos\left(\frac{1}{2}\phi\right)$
왜냐하면 cos은 이 두 값이 같으므로
$-\frac{1}{2}\phi$
$+\frac{1}{2}\phi$
따라서
$y(x, t)$
$=\left[2y_m\cos\frac{1}{2}\phi\right]\sin\left(kx-\omega t+\frac{1}{2}\phi\right)$
진폭
진동항
이 되네요.
키이~
$y(x, t)$
$=\left[2y_m\cos\frac{1}{2}\phi\right]\sin\left(kx-\omega t+\frac{1}{2}\phi\right)$
이 식이 진폭 y_m, 각파동수 k, 각진동수 ω가 같고 위상이 ϕ만큼 다른 두 사인파의 합성파동이야.

따라서 같은 진폭, 각파동수(파장), 각진동수(진동수)를 갖는 두 사인파가 축을 따라 같은 방향으로 진행하면, 서로 간섭하여 사인모양의 합성파동이 만들어진다.
만약 두 사인파의 위상차 ϕ가 $\phi=0(0°)$라면 진폭은 $2y_m \cos\frac{1}{2}(0)=2y_m$이 되어 완전보강간섭이 일어나고,
합성파동이 가질 수 있는 최대진폭
위상차 $\phi=\pi\,\mathrm{rad}(180°)$이면 진폭은 $2y_m \cos\frac{1}{2}\pi=0$이 되어 완전소멸간섭이 되고
줄이 완전히 펴지지.

0 < ϕ < π이면
0 < 진폭 < 2y_m이 되는
중간간섭이 되는 거지.
물론 sin함수는 2π rad의 주기로
파형이 반복되므로 위의 세 경우에
2π를 더한 것도 같은 형태의
간섭이 일어난단다.
위상차를 파장의 차이로 바꿀
수도 있는데, 예를 들면 위상차
ϕ = 2π rad(360°)은 한
파장(λ)차로 생각할 수도 있지.
이 경우는
완전 보강간섭
또 만약
한 파동이 다른 파동에 대해
반파장(λ/2)과 같은 거리를 이동했다면
위상차로는 ϕ = π rad(180°)에
해당되므로 완전소멸간섭이
일어나.

위상차와 간섭의 형태를 정리하면

위상차			합성파동의 진폭	간섭의 형태
각도	라디안	파장		
0	0	0	$2y_m$	완전보강간섭
120	$\frac{2}{3}\pi$	0.33	y_m	중간간섭
180	π	0.50	0	완전소멸간섭
240	$\frac{4}{3}\pi$	0.67	y_m	중간간섭
360	2π	1.00	$2y_m$	완전보강간섭
480	$\frac{8}{3}\pi$	1.33	y_m	중간간섭

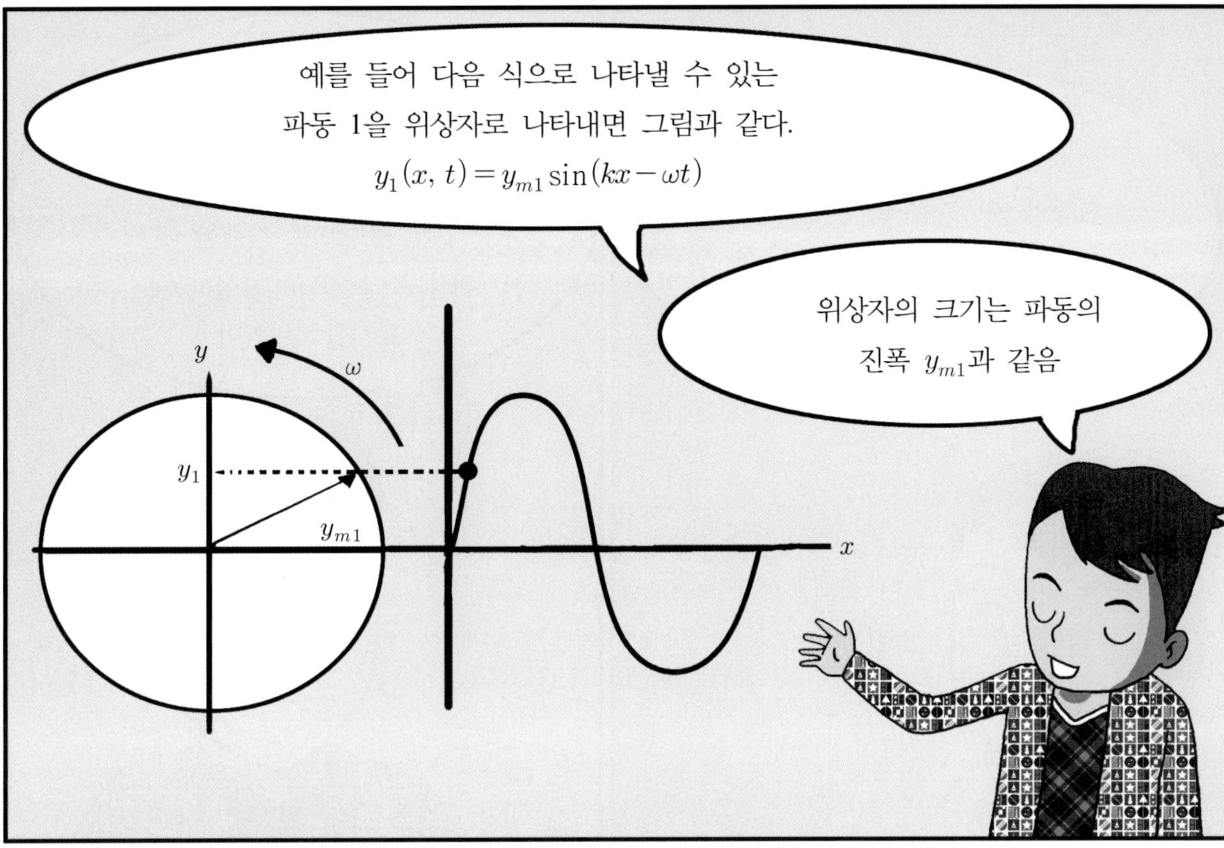

예를 들어 다음 식으로 나타낼 수 있는
파동 1을 위상자로 나타내면 그림과 같다.
$y_1(x, t) = y_{m1}\sin(kx - \omega t)$
위상자의 크기는 파동의
진폭 y_{m1}과 같음
y
ω
y_1
y_{m1}
x

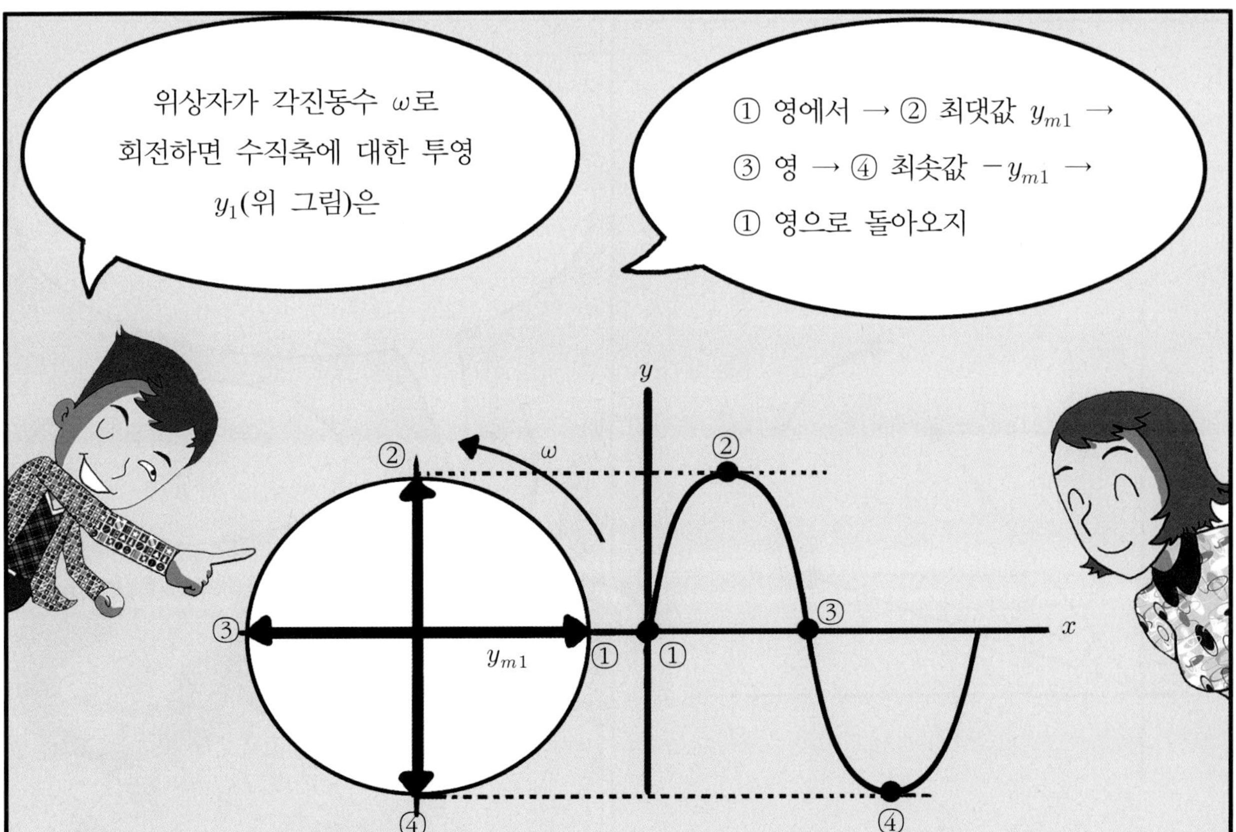

위상자가 각진동수 ω로
회전하면 수직축에 대한 투영
y_1(위 그림)은
① 영에서 → ② 최댓값 y_{m1} →
③ 영 → ④ 최솟값 $-y_{m1}$ →
① 영으로 돌아오지
y
ω
②
③
①
④
y_{m1}
x

이러한 변화는 파동이 지나가는 줄의 변위인 y_1의 사인 모양변화에 해당하는군요.
또 다른 파동 2가 $y_2(x, t) = y_{m2}\sin(kx - \omega t + \phi)$ 로 주어지고, 이 두 파동이 같은 방향으로 진행할 때 위상자 그림으로 합성파동을 표시할 수 있어.
두 파동을 각각 위상자로 그리면
파동 1과 2의 진폭이 다른 것에 유의
y
ω
y_{m1}
y_1
y_2
y_{m2}
ϕ
x
두 위상자가 같은 각속력 ω로 회전하기 때문에 두 위상자 사이의 각도는 항상 ϕ야.
ϕ는 두 파동의 위상차

ϕ가 양수이면 파동 2의 위상자는 회전하는 동안 파동 1의 위상자보다 항상 ϕ만큼 뒤처지게 되겠군요.
사인그래프로 얘기하면 파동 2가 왼쪽으로 ϕ만큼 평행이동된 거니까.
반면 ϕ가 음수이면 파동 2의 위상자는 파동 1의 위상자보다 ϕ만큼 앞서게 되지.
사인그래프로 얘기하면 파동 2가 오른쪽으로 ϕ만큼 평행이동된 거니까.
두 위상자의 벡터합을 구하면 합성파동의 위상자가 되지. 파동 1의 위상자와 합성파동의 위상자 사이의 각도를 β라고 하면
y
y_m
y_{m1}
β
y_{m2}
x
합성파동 $y(x, t)$는 식으로 나타내면 $y(x, t) = y_m \sin(kx - \omega t + \beta)$ 가 되는 거지.
왜냐하면 합성파동은 진폭이 y_m이고 파동 1 $y_1(x, t) = y_{m1} \sin(kx - \omega t)$ 보다 위상이 β만큼 뒤처지기 때문이야.

따라서 파동의 진폭이 다르더라도 위상
자를 이용하면 파동을 합성할 수 있다.
앞에서 삼각함수 공식을 이용해서
두 사인파동을 합성했을 때는
진폭이 같을 경우였었죠?
정지파
앞에서 같은 방향으로 진행하는
두 파동의 간섭에 대해서 살펴봤는데,
진행파
y
x
y
x
+
y
x

이번에는 진폭과 파장이 같고 서로 반대 방향으로 진행하는 두 파동의 간섭에 대해서 생각해 보자꾸나.
위상도 같은 경우를 생각해보자.
y
x
y
x

이 경우 합성파동은 시간 t가 지나도 그림과 같이 아래 위로만 (↕) 진동해.
y
배
배
x
마디
마디
마디
정지파

파형이 좌우로 진행하지 않으므로 이런 파동을 정지파라고 부르지.
정지파의 특징은 항상 정지 상태로 고정된(진폭= 0) 마디라고 부르는 점들이 있다는 것이야.
또, 진폭이 최대가 되는 점은 배라고 부르지.

서로 반대 방향으로 진행하는
두 파동을
각 순간에서 그려서 합성해보면
왜 정지파가 되는가를
알 수 있지.

그려서 합성해 봐라.
네.

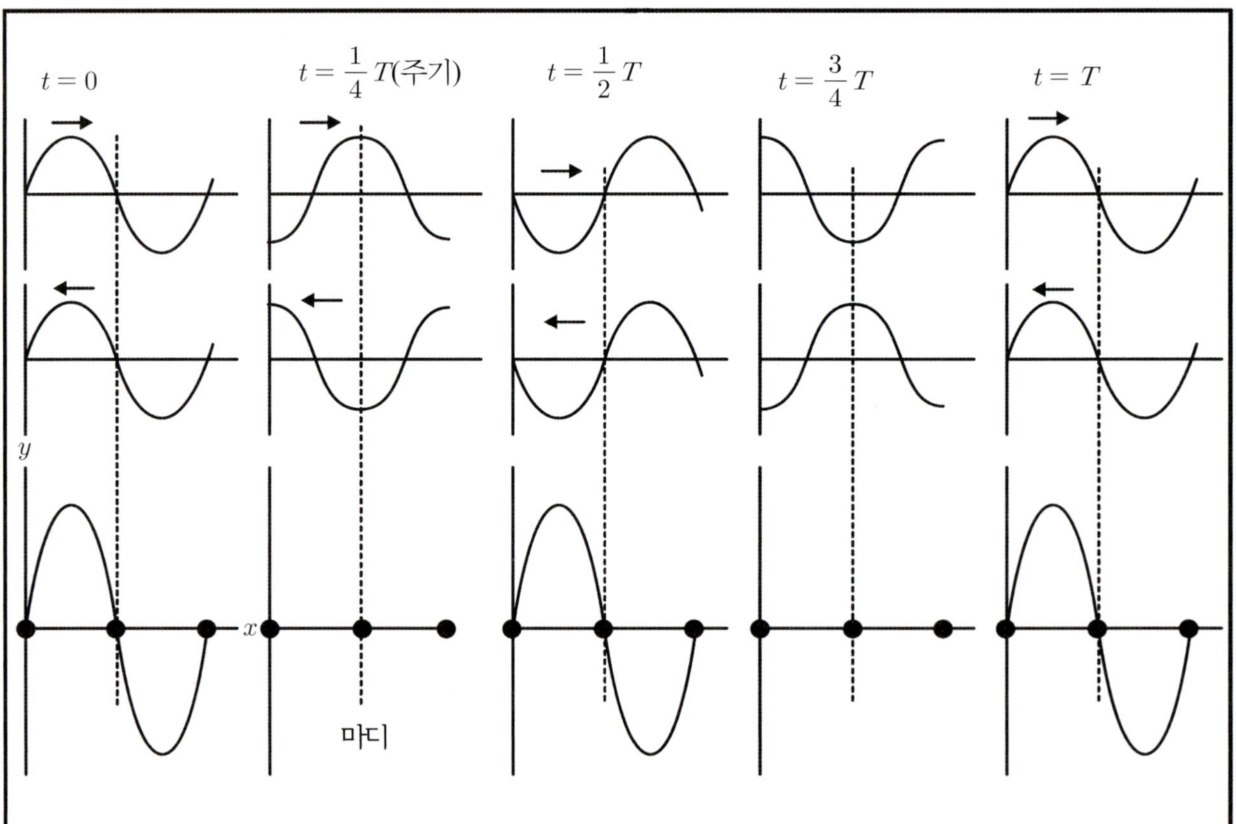
t = 0
t = 1/4 T(주기)
t = 1/2 T
t = 3/4 T
t = T
y
x
마디

이와 같이 되어서 한꺼번에 그리면 아래
위로만 진동하는 정지파가 되는군요.
y
배
x
마디
당겨진 줄에서 진폭과 파장이 같은 사인파가
서로 반대 방향으로 진행하면 간섭하여 정지
파를 만든다.
정지파를 분석해 보자.
서로 반대 방향으로 진행하는 두 파동 1, 2가
다음 식으로 주어진다면
합성파동은 어떻게 되겠니?
$y_1(x, t) = y_m \sin(kx - \omega t)$
$y_2(x, t) = y_m \sin(kx + \omega t)$
반대 방향이니까(+)

합성파동은
$y(x, t) = y_1(x, t) + y_2(x, t)$
$= y_m \sin(kx - \omega t) + y_m \sin(kx + \omega t)$
$= y_m \{\sin(kx - \omega t) + y_m \sin(kx + \omega t)\}$
$kx = \alpha$, $\omega t = \beta$라고 놓으면
$y_m\{\sin(\alpha - \beta) + \sin(\alpha + \beta)\}$
삼각함수의 가감법 정리에 의하면
$\sin(\alpha - \beta) = \sin\alpha\cos\beta - \cos\alpha\sin\beta$
$\sin(\alpha + \beta) = \sin\alpha\cos\beta + \cos\alpha\sin\beta$
이 둘을 더하는 거니까
$y_m\{\sin(\alpha - \beta) + \sin(\alpha + \beta)\}$
$= y_m 2\sin\alpha\cos\beta$
$= 2y_m \sin\alpha\cos\beta$

여기에 $\alpha = kx$, $\beta = \omega t$를 대입하면
$y(x, t) = [2y_m \sin kx] \cos \omega t$
[ ] : x에서 진폭의 진동항 크기
이것이 정지파의 식이네요.
$2y_m \sin kx$가 진폭인데 $\sin kx$가 음수일 수 있으니까 $2y_m \sin kx$의 절댓값 $|2y_m \sin kx|$를 x에서의 진폭이라고 하지.
진폭은 항상 양
정지파는 위치 (x)에 따라서 진폭이 변해. 예를 들어 진폭이 $|2y_m \sin kx|$니까 $\sin kx = 0$이 되는 모든 x값에서 진폭은 영이지.

$\sin kx = 0$이려면
$kx = n\pi \quad (n=0, 1, 2, \cdots)$
이어야 하니까
$x = \frac{n\pi}{k}$
일 때 진폭이 영이 되는군요.
앞에서 k(각파동수)는
$k = 2\pi/\lambda$
이었으므로 이것을 대입하면
$x = \frac{n\pi}{\frac{2\pi}{\lambda}} = \frac{n\pi}{2\pi}\lambda$
$= n\frac{\lambda}{2} \quad (n=0, 1, 2, \cdots)$
이것이 진폭이 영이 되는 마디의 위치야.
인접한 마디는 반파장($\lambda/2$)만큼 떨어져 있군요.

또 최대 진폭을 갖는 배의 위치는 $|\sin(kx)|=1$이 되는 위치니까
$kx=\frac{1}{2}\pi, \frac{3}{2}\pi, \frac{5}{2}\pi, \cdots$
$=\left(n+\frac{1}{2}\pi\right) \ (n=0, 1, 2, \cdots)$
$x=(n+\frac{1}{2})\frac{\pi}{k}$
$k=2\pi/\lambda$를 대입하면
$x=\left(n+\frac{1}{2}\right)\frac{\pi}{\frac{2\pi}{\lambda}}=\left(n+\frac{1}{2}\right)\frac{\pi\lambda}{2\pi}$
$=\left(n+\frac{1}{2}\right)\frac{\lambda}{2} \quad (n=0, 1, 2, \cdots)$
이것이 배의 위치고 그때의 최대진폭은 $2y_m$이지.
경계면에서의 파동의 반사
다음 컷 그림!!
팽팽한 줄의 진행파동이 줄의 먼 끝에서 반사되어 합성되면 정지파가 만들어져.

팽팽한 줄임
벽
그림과 같이 줄의 오른쪽 끝이 벽에 고정되어 있는 상태에서 단일 펄스파가 경계면(벽)에 도착하면 벽을 끌어올리려고 하겠지?
그러면 뉴턴의 제3법칙(작용－반작용 법칙)에 의해 벽은 반대 방향으로 같은 크기의 힘을 작용하겠네요.

이 반작용은 아래 방향의 펄스를 만들고 이렇게 해서 만들어진 펄스는 반대 방향으로 진행하지.
이제 단일 펄스가 아니라 사인모양의 입사파동을 계속 보내면, 벽에서 반사된 반대 방향의 반사파동과 간섭이 일어나서 정지파가 만들어지는 거야.
정지파와 공명
이번에는 두 끝이 고정된 팽팽한 줄에 대해 생각해 보자.

줄을 따라서 오른쪽으로 사인파를 계속 보내면 어떻게 되겠니?
오른쪽 끝에 도달하면 반사되어 왼쪽으로 돌아오면서 오른쪽으로 진행하는 파동과 중첩되겠죠.
또 이 반사파가 왼쪽 끝에 도달하면 다시 반사되어 오른쪽으로 돌아오면서 왼쪽으로 진행하는 파동과 중첩되겠네요.

결국 양쪽으로 진행하는
파동들이 많이 생겨서 서로
간섭하게 되는군요.
이 파동들의 합성파동은
어떤 진동수에서 배와 마디를 갖는
정지파(또는 진동모드)를
만들어내는 거야.
이런 정지파는
공명상태에서 만들어지고,
줄이 공명한다고 한단다.
이때의 진동수를
공명진동수라고 하지.

줄이 공명진동수와 다른 진동수로 진동하고 있다면 정지파는 생기지 않고, 오른쪽과 왼쪽으로 진행하는 파동들이 서로 소멸간섭해서 결국 소멸되어 버리지.
계속 반사되면 소멸
거리 L만큼 떨어진 두 고정단 사이의 팽팽한 줄에 생기는 공명진동수를 구해 보도록 하자. 이 경우 양끝이 고정되어 진동하지 않으니까 양끝에 마디가 생기겠지?
가장 간단한 경우는 그림과 같이 배가 한개 있는 경우야. 이 경우 L은 정지파 파장의 절반인 λ/2와 같지.
L
L = λ/2
즉, λ/2 = L
마디 2개
배 1개

즉, 좌우로 진행하는 두 파동이 간섭하여 이런 형태의 정지파를 만들려면 파장이 λ = 2L이어야 한다는 뜻이야.
두 번째로 간단한 정지파 모양은 두 개의 배와 세 개의 마디를 갖는 경우지. 이런 정지파가 만들어지려면 좌우로 진행하는 파동의 파장이 λ = L이어야 해.
L = λ = 2λ/2
세 번째 정지파형은 배가 세 개 마디가 네 개인 것으로 L = 3λ/2인 경우지.
L = 3λ/2

이런 식으로 더 복잡한 파형을 계속해서 만들 수 있겠네요. 새로 만들어지는 파형은 이전의 파동보다 배와 마디가 한 개 더 생기고, 길이 L안에 $\lambda/2$씩 더 들어가겠군요.
따라서 줄의 길이 L과 파장 λ와의 관계는 $\lambda = \frac{2L}{n}$ $(n = 0, 1, 2, \cdots)$ 가 되네요.
그런데 앞에서 파동의 속력 v는 $v = \lambda f$이었으니까 $f = \frac{v}{\lambda}$ 이 식에 앞의 λ를 대입하면

이러한 파장에 해당되는 공명진동수 f는
$f=\frac{v}{\lambda}=\frac{v}{\frac{2L}{n}}=n\frac{v}{2L}$
$(n=0, 1, 2, \cdots)$
이 식에 $n=1$을 대입하면 가장 낮은 공명진동수 $f=v/2L$임을 알 수 있고, 다른 것들은 이 진동수의 정수배가 되는 거군요.
가장 낮은 공명진동수를 갖는 진동모드를 **기본모드**라고 불러. 또는 **제1조화모드**

그러면 $n=2, 3$ 등에 해당하는 진동모드들은 제2조화모드, 제3조화모드 등으로 부르겠네요.
이러한 진동모드에 대한 진동수는 f_1, f_2, f_3로 나타내지.
진동모드 전체를 조화계열이라고 부르고 n을 n번째 조화모드의 조화차수라고 하지.

일정한 장력의 줄들은
각각 특정한 진동 모습에 해당하는
공명진동수를 갖는단다.
만약,
공명진동수가 가청범위이면
줄의 모양에 따라서
다른 소리를
들을 수 있지.
띵
기타 줄 등은
이렇게
소리가 나는 거야.

퀴즈 1

줄을 따라서 진행하는 파동의 방정식이 다음과 같다.

$y(x, t) = 0.245\sin(52.1x - 3.21t)$

단위는 0.245 m, 52.1 rad/m, 3.21 rad/s이다.

(a) 이 파동의 진폭, 파장, 주기, 진동수를 구하라.

(b) 이 파동의 속력을 구하라.

(c) $x = 0.324$ m, t = 20.5 s일 때의 변위, 세로속력, 세로가속력을 구하라.

답

파동의 방정식은 $y = y_m \sin(kx - \omega t)$

(a) 진폭 $y_m = 0.245$ m

파장 $\lambda = \dfrac{2\pi}{k} = \dfrac{2(3.14)\,\text{rad}}{52.1\,\text{rad/m}} \approx 0.121\ \text{m}$

주장 $T = \dfrac{2\pi}{\omega} = \dfrac{2(3.14)\,\text{rad}}{3.21\,\text{rad/s}} \approx 1.97\ \text{s}$

진동수 $f = \dfrac{1}{T} = \dfrac{1}{1.97\,\text{s}} = 0.508\ \text{s}^{-1} = 0.508\ \text{Hz}$

(b) 속력 $v = \dfrac{\omega}{k} = \dfrac{3.21\ \text{rad/s}}{52.1\ \text{rad/m}} \approx 0.0616\ \text{m/s} = 6.16\ \text{cm/s}$

(c) 주어진 식에 $x = 0.324$ m, t = 20.5 s를 대입하여 변위 y를 구하면

$$y = 0.245\ \sin\{(52.1)(0.324) - (3.21)(20.5)\}$$
$$\approx 0.239\ \text{m}$$

답

세로속력 v_y는 주어진 x좌표에서 변위 y의 시간 변화(미분)이다.

따라서

$$v_y = \frac{\partial y}{\partial t}$$

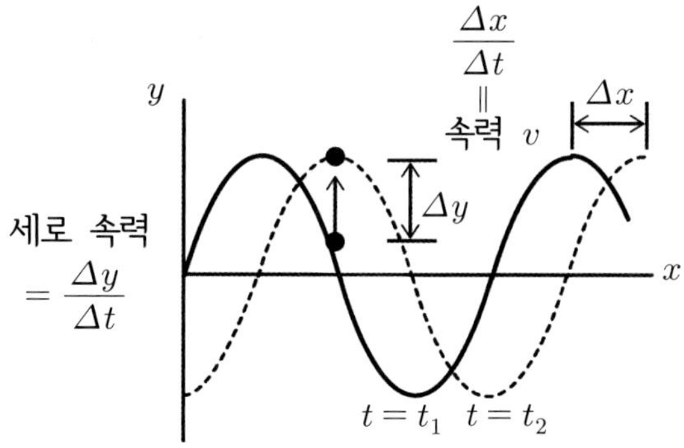

y가 x와 t의 함수(다변수함수) $y(x, t)$이므로 미분이 편미분이 됨.

일반적인 변위 y는

$v(x, t) = y_m \sin(kx - \omega t)$

$$y_y = \frac{\partial y}{\partial t} = -\omega y_m \cos(kx - \omega t)$$

주어진 값 $\omega = 3.21$ rad/s, $y_m = 0.245$ m, $k = 52.1$ rad/m

$x = 0.324$ m, $t = 20.5$ s를 대입하면

$v_y = -(3.21)(0.245)\cos\{(52.1)(0.324) - (3.21)(20.5)\}$

≈ -0.179 m/s ((−)이므로 아래 방향)

세로가속력 a_y는 세로속력을 시간 t로 한 번 더 미분하면 되니까

$$a_y = \frac{\partial v_y}{\partial t} = \omega^2 y_m \sin(kx - \omega t)$$

$= -(3.21)^2(0.245)\sin\{(52.1)(0.324) - (3.21)(20.5)\}$

$= -10.0$ m/s^2 ((−)이므로 아래 방향)

퀴즈 2 선밀도 $\mu=0.24\ \mathrm{kg/m}$, 장력 $\tau=21\ N$인 줄에 진동수 $f=60\ \mathrm{Hz}$, 진폭 $y_m=0.036\ \mathrm{m}$인 사인파동을 보낼 때, 파동의 평균에너지 전달률을 구하라.

답 평균에너지 전달률 P_{avg}는

$$P_{avg}=\frac{1}{2}\mu v\omega^2 y_m^2$$

나머지는 주어졌고 파동의 속력 v와 각진동수 ω를 구해서 대입하면 된다.

속력 v는

$$v=\sqrt{\frac{\tau}{\mu}}=\sqrt{\frac{21\ N}{0.24\ \mathrm{kg/m}}}\approx 9.4\ \mathrm{m/s}$$

각진동수 ω는

$$\omega=2\pi f=2(3.14\ \mathrm{rad})(60\ \mathrm{H_z})\approx 377\ \mathrm{rad/s}$$

주어진 값과 구한 값들을 대입하면

$$P_{avg}=\frac{1}{2}(0.24)(9.4)(377)^2(0.036)^2\approx 208\ W$$

퀴즈 3 진폭이 8.7 mm, 위상차가 60°인 사인 모양의 동일한 두 파동이 줄에서 같은 방향으로 진행하면서 간섭한다.

(a) 두 파동이 간섭하여 생기는 합성파동의 진폭 y_m을 구하고 간섭의 종류를 말하라.

(b) 합성파동의 진폭이 5.2 mm가 되는 위상각(위상 상수)를 rad과 파장으로 나타내라.

답 이 경우 합성파동의 방정식은

$$y(x, t) = \left[2y_m \cos\frac{1}{2}\phi\right] \sin(kx - \omega t + \frac{1}{2}\phi)$$

(a) 따라서 합성파동의 진폭은 $2y_m \cos\frac{1}{2}\phi$이다. 주어진 값을 대입하면

$$2(8.7\ \text{mm})\cos\frac{1}{2}(60°) \approx 15\ \text{mm}$$

위상차가 60°이니까 중간간섭이다.

(b) 같은 식을 사용해서

$$2y_m \cos\frac{1}{2}\phi = 2(8.7\ \text{mm})\cos\frac{1}{2}\phi = 5.2\ \text{mm}$$

가 되는 ϕ를 구하면 된다.

$\phi \approx \pm 2.6$ rad

파장으로 나타낸 위상차는

$$\frac{\phi}{2\pi\ \text{rad/파장}} = \frac{\pm 2.6\ \text{rad}}{2(3.14)\ \text{rad/파장}} = \pm 0.41\text{파장}$$

퀴즈 4 진폭이 각각 $y_{m1}=3.4\,\text{mm}$, $y_{m2}=2.1\,\text{mm}$이고 파장이 같은 두 사인파 $y_1(x,t)$와 $y_2(x,t)$가 같은 방향으로 줄을 따라 진행한다. 위상각은 각각 $\frac{\pi}{4}$와 $\frac{\pi}{3}$이다. 위상자를 이용하여 합성파동의 진폭 y_m과 위 상각 β를 구하라.

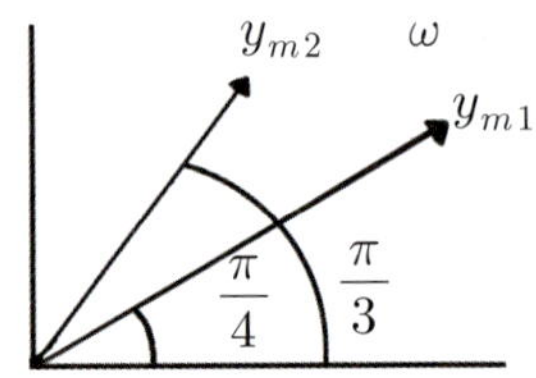

답 두 파동이 같은 줄을 따라서 진행하므로 줄의 장력 τ와 선밀도 μ에 의해 결정되는 속도

$$v=\sqrt{\frac{\tau}{\mu}}$$

는 같다. 또 파장 λ가 같으므로 각파동수 $k(=2\pi/\lambda)$가 같고 따라서 각진동수 $\omega=(kv)$도 같다.

위상자를 이용하여 두 파동을 그리면 그림과 같다.

합성파동은 아래 그림과 같이 y_{m1} 벡터와 y_{m2} 벡터의 합이다. 합성파동의 진폭 y_m은 수평성분과 수직성분을 구해서 각각의 제곱에 루트를 취하면 된다.

(직사각형의 대각선 길이)

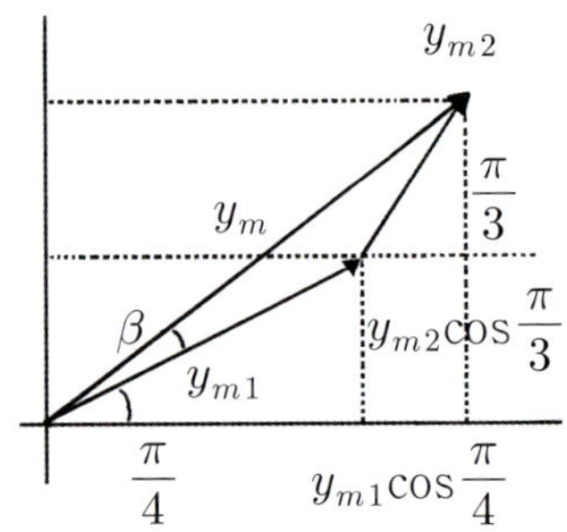

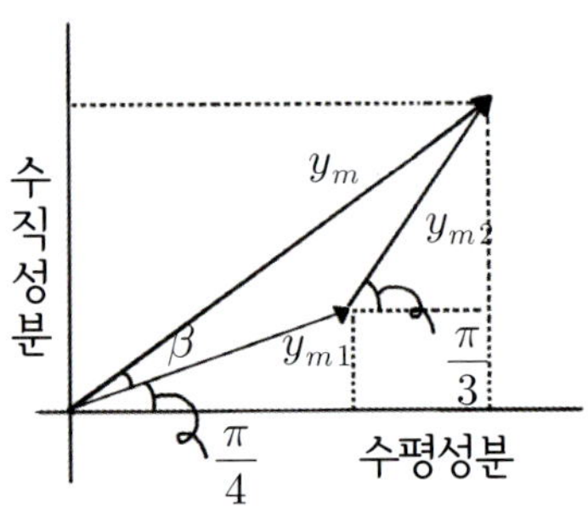

수평성분 $y_{m1}\cos\frac{\pi}{4}+y_{m2}\cos\frac{\pi}{3}=(3.4)(0.71)+(2.1)(0.5)$

$$\approx 3.5\,\text{mm}$$

수직성분 $y_{m1}\sin\frac{\pi}{4}+y_{m2}\sin\frac{\pi}{3}=(3.4)(0.71)+(2.1)(0.5)$

$$\approx 4.2\,\text{mm}$$

따라서 합성파동의 진폭 y_m은

$$y_m=\sqrt{(3.5)^2+(4.2)^2}\approx 5.5\,\text{mm}$$

합성파동의 위상각 β는 합성파동의 위상자와 파동 1의 위상자 사이의 각이다.

그림에서

$$\tan\left(\beta+\frac{\pi}{4}\right)=\frac{\text{수직성분}}{\text{수평성분}}=\frac{4.2}{3.5}=1.2$$

$$\beta+\frac{\pi}{4}=\tan^{-1}(1.2)\approx 0.88\,\text{rad}$$

$$\beta=0.88-\frac{3.14}{4}=0.095\,\text{rad}$$

퀴즈 5 질량 $m=1.84$ g, 길이 $L=0.821$ m의 줄에 장력 $\tau=254$ N이 걸리면서 생긴 공명진동의 모양이 그림과 같다.

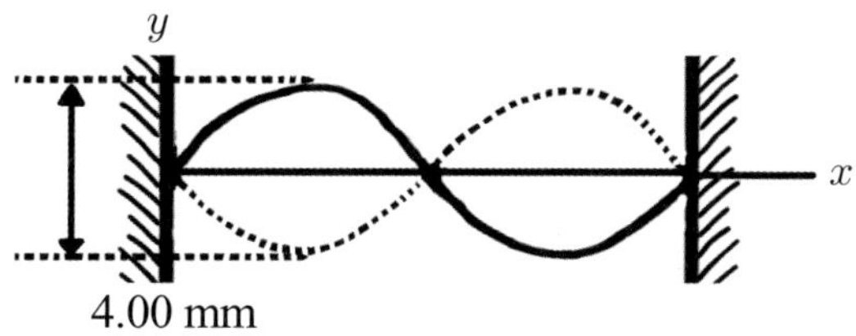

(a) 이와 같은 정지파를 만드는 횡파의 파장 λ를 구하라.

(b) 조화차수 n을 구하라.

(c) 횡파와 수직으로 진동하는 줄 요소의 진동수 f를 구하라.

답 (a) 그림에서 실선이 진동의 순간그림이고 한 개의 파장이 줄의 길이와 일치하므로

$\lambda=L=0.821$ m

(b) 배의 수가 조화차수 n이고, 그림에서 배가 2개이므로

$n=2$

(c) 진동수 $f=\dfrac{v}{\lambda}=n\dfrac{v}{2L}$

그런데 $v=\sqrt{\dfrac{\tau}{\mu}}$

선밀도 $\mu=\dfrac{\text{질량}}{\text{길이}}=\dfrac{1.84\times10^{-3}\text{ kg}}{0.821\text{ m}}$

$\approx 2.24\times10^{-3}$ kg/m

따라서 $f=\sqrt{\dfrac{\tau}{\mu}}\cdot\dfrac{1}{\lambda}$

값들을 대입하면

$$f=\sqrt{\frac{254}{2.24\times10^{-3}}}\cdot\frac{1}{0.821}\approx 410\ \text{H}_z$$

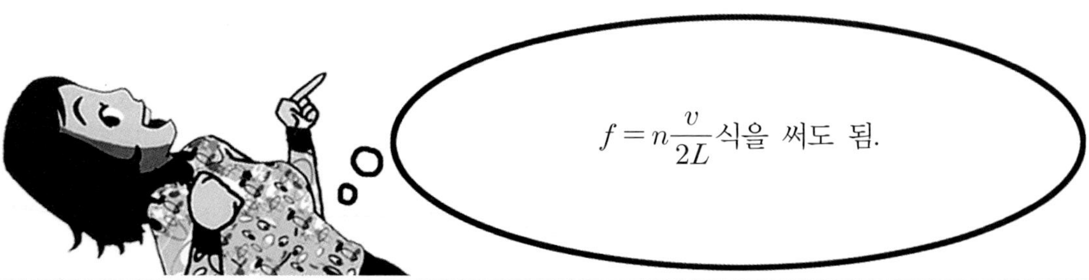

고전영화, 영원한 동시대성

5. 음파

음속
미라 노래 잘하네.
몰망초 그늘아래
아아아아
음파가 종파라는 것은 알지?
종파와 횡파의 차이점은 뭘까~
종파는 파동의 진행방향과 나란하게 매질이 진동하는 파동이고, 횡파는 파동의 진행방향과 수직하게 매질이 진동하죠!
이 장에서는 가청영역의 진동수로 공기 중에서 전파되는 음파에 대해 주로 다루기로 하자.
음파가 퍼져나가는 것을 그림으로 그리면
파동면
S
음파선
음파선
2차원 그림
s : 점원 – 모든 방향으로 음파를 방출하는 점.
파동면 – 음파로 인한 공기의 진동이 같은 값을 가지는 면.
음파선 – 파동면의 진행방향.
(파동면에 수직)

3차원으로 그리면 파동면은 구형으로 퍼져 나가고, 이를 구면파라고 하지.
파동면
s
음파선
점원으로부터 매우 먼 곳에서는 파동면이 평면 같이 되므로 평면파라고 해.
줄을 따라서 진행하는 횡파의 속력 v는 어떻게 되었지?
$v=\sqrt{\frac{\tau}{\mu}}$ 였죠.
μ는 줄의 선밀도니까 질량/길이로서 질량이 들어가므로 매질의 운동에너지를 저장하는 항이야. 종파인 음파의 경우에는 매질이 공기니까 공기의 부피밀도 $\rho(\mathrm{kg/m^3})$에 해당하지!
τ는 줄의 장력으로 매질의 탄성퍼텐셜에너지를 저장하는 항이었죠. 즉, 파동이 생긴 줄이 주기적으로 늘어나는 것과 관련이 있는 거죠.
음파의 경우에는 공기를 통해서 전달되니까 퍼텐셜에너지는 공기의 작은 부피가 주기적으로 압축되고 팽창되는 것과 관계가 있어.

즉, 매질인 공기에 가한 압력이 변화할 때 매질의 부피가 변하는 정도야.
이러한 특성을 **부피탄성률** B라고 해.
$B=-\dfrac{\Delta p}{\Delta V/V}$
앞의 평형과 탄성 부분에서 배웠지.
부피탄성률의 단위는 압력의 단위가 $N/m^2=Pa$이니까 Pa(파스칼)이야.
분모는 부피를 부피로 나눴으니까 단위가 없지.
또, Δp와 ΔV의 부호는 항상 반대야. 즉, 매질에 가한 압력이 증가하면 (Δp가 양) 부피가 감소하지(ΔV는 음). 위 식에 (−)를 붙인 것은 B가 항상 양이 되게 하기 위함이란다.
따라서 부피탄성률은 압축하기 어려운 정도를 나타내는군요.
앞의 줄에 생긴 횡파의 속력 $v=\sqrt{\dfrac{\tau}{\mu}}$에 μ 대신 밀도 ρ를, τ 대신 부피탄성률 B를 대입하면, 음파의 속력(음속)은 $v=\sqrt{\dfrac{B}{\rho}}$가 되는 거지.

여러 가지 매질 내에서의 음속

매질	음속(m/s)	매질	음속(m/s)
공기 (0℃)	331	바닷물(20℃)	1522
(20℃)	343	알루미늄	6420
헬륨	965	철	5941
수소	1284	화강암	6000
물 (0℃)	1402		
(20℃)	1482		

앞에서 배운 줄의 진동은 줄이 y축 방향으로 진동하니까 변위를 y(x, t)로 나타냈지만
공기요소는 x축 방향으로 진동하니까 x(x, t)로 나타내야 되겠지!
x가 2개나 나오니까 혼동을 피하기 위해서 공기진동은 s(x, t)로 나타내기로 하자.
공기의 진동은 거리 x와 시간 t의 사인모양의 함수로 표시할 수 있어서 사인함수 또는 코사인함수로 나타낼 수 있어. 여기서는 코사인함수를 쓰기로 하자.
코사인을 90° 평행이동하면 사인
즉,
s(x, t) = s_m cos(kx − ωt)
변위
변위진폭
진동항
변위진폭 s_m은 평형위치에 대한 공기요소의 최대변위야.
공기요소는 이와 같이 떨면서 진행하니까
s_m
t = t_1
t = t_2
종파인 음파의 각 파동 수 k, 각진동수 ω, 진동 f, 파장 λ, 속력 v, 주기 T는 앞에서 배운 줄의 횡파와 동일하게 정의해.
단, λ는 압축과 팽창이 반복되는 거리.
λ

음파가 움직일 때 어떤 위치 x에서의 압력을 구해보자. 앞에서 부피팽창률 B는 $B=-\frac{\Delta p}{\Delta V/V}$ 였지?
식을 변형하면 $\Delta p=-B\frac{\Delta V}{V}$
Δs
A
Δx
관의 단면적을 A, 공기요소의 두께를 Δx라고 하면 공기요소의 부피 V는 $V=A\Delta x$
ΔV는 공기요소의 부피변화량인데, 만약 공기요소가 Δs만큼 늘어났다면 부피변화량 ΔV는 $\Delta V=A\Delta s$
이것들을 위 식에 대입하면 $\Delta p=-B\frac{A\Delta s}{A\Delta x}$ $=-B\frac{\Delta s}{\Delta x}$
우변은 $\Delta\rightarrow 0$이면 (아주 작으면) Δ를 미분으로 바꿀 수 있는데, 이 경우에는 s가 x와 t의 두 개의 변수를 가지니까 편미분이 되지. 즉, $\Delta p=-B\frac{\partial s}{\partial x}$
∂ : 라운드 편미분, 즉 x에 대한 미분

그런데 $s(x, t) = s_m \cos(kx - \omega t)$ 이니깐 $\frac{\partial s}{\partial x} = -ks_m \sin(kx - \omega t)$
x에 대한 미분이니까 시간 t는 상수 취급
이것을 앞의 식에 대입하면 $\Delta p = -B\frac{\partial s}{\partial x} = Bks_m \sin(kx - \omega t)$
앞에서 음파의 속도 v는 $v = \sqrt{\frac{B}{\rho}}$ $v^2 = \frac{B}{\rho}$ $B = v^2\rho$, 대입하면 $\Delta p = v^2 \rho k s_m \sin(kx - \omega t)$
그런데 앞의 줄의 진동에서 배웠듯이 $v = \frac{\omega}{k}$, $k = \frac{\omega}{v}$ 대입하면 $\Delta p = v^2\rho\left(\frac{\omega}{v}\right)s_m \sin(kx - \omega t) = v\rho\omega s_m \sin(kx - \omega t)$
다시 한 번 쓰면 $\Delta p(x, t) = v\rho\omega s_m \sin(kx - \omega t)$ $v\rho\omega s_m = \Delta p_m$으로 놓으면 이것을 압력진폭이라고 해
$\Delta p(x, t) = \Delta p_m \sin(kx - \omega t)$ 변위 $s(x, t)$는 코사인함수이고 압력 $\Delta p(x, t)$는 사인함수니까 둘 사이의 위상차는 90°($\pi/2$ rad)이야.

음파의 간섭
P
L_1
S_1
L_2
S_2
음파도 간섭을 일으킬 수 있어. 파장 λ와 위상이 같고, 같은 방향으로 진행하는 두 점원 S_1과 S_2에서 발생된 두 음파의 간섭을 생각해 보자.
단, 두 점원들 사이의 거리보다 P점까지의 거리가 매우 크다고 하자.
그러면 어림잡아 두 음파가 나란히 진행한다고 볼 수 있겠지?
두 점원 S_1과 S_2로부터 P점까지의 거리는 L_1과 L_2로 다르므로, 두 파동의 진행거리가 달라서 위상차 ϕ가 발생하겠네요.
그렇지. 위상차 ϕ는 경로차(거리차) $\Delta L = |L_1 - L_2|$ 때문에 생기는 거지. 그런데 위상차가 2π난다는 것은 거리로는 한 파장 차이가 나는 거잖아.
즉, $\phi : 2\pi = \Delta L : \lambda$ $\phi\lambda = 2\pi\Delta L$ $\phi = 2\pi\dfrac{\Delta L}{\lambda}$

위상차 ϕ가 2π의 정수배이면 완전보강간섭이 일어나니까 $\phi=\frac{\Delta L}{\lambda}2\pi=m(2\pi)$ $(m=0, 1, 2, \cdots)$
$\frac{\Delta L}{\lambda}=m$ $(m=0, 1, 2, \cdots)$ $\Delta L=m\lambda$ $(m=0, 1, 2, \cdots)$ 일 때 완전보강간섭이 일어나는 거야.

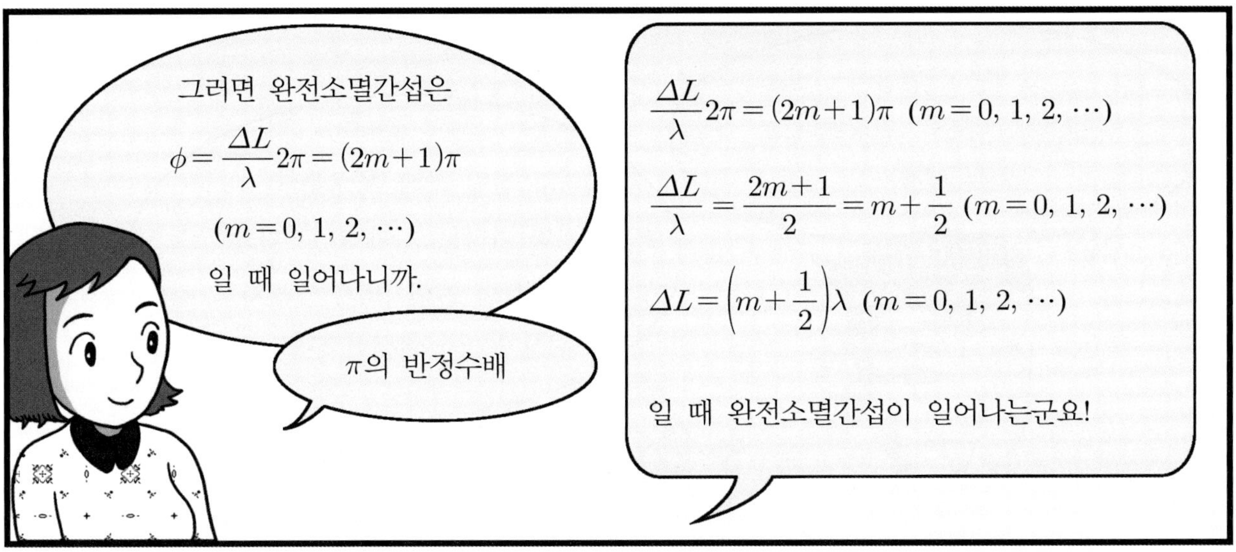
그러면 완전소멸간섭은 $\phi=\frac{\Delta L}{\lambda}2\pi=(2m+1)\pi$ $(m=0, 1, 2, \cdots)$ 일 때 일어나니까.
π의 반정수배
$\frac{\Delta L}{\lambda}2\pi=(2m+1)\pi$ $(m=0, 1, 2, \cdots)$ $\frac{\Delta L}{\lambda}=\frac{2m+1}{2}=m+\frac{1}{2}$ $(m=0, 1, 2, \cdots)$ $\Delta L=\left(m+\frac{1}{2}\right)\lambda$ $(m=0, 1, 2, \cdots)$ 일 때 완전소멸간섭이 일어나는군요!

그리고 경로차 ΔL이 이 중간이라면 중간간섭이 일어나는 거구요.
그렇지! 예를 들어 $\Delta L=2\lambda$라면 완전보강간섭, $\Delta L=1.5\lambda$라면 완전소멸간섭, $\Delta L=1.2\lambda$라면 중간간섭 이 되는 거지.

음파의 세기
아유~ 시끄러워.
뿡빠라 빠빠 뿡뿡뿡!
음파의 세기 I는 다음과 같다. $I=\frac{P}{A}$ P는 음파의 에너지 전달에 대한 시간변화율(일률), A는 음파를 가로막는 단면적
또 음파의 세기 I는 변위진폭 s_m과는 $I=\frac{1}{2}\rho v \omega^2 s_m^2$ 의 관계가 있어.
이 식은 음파의 운동에너지를 구한 다음 시간으로 미분해서 일률을 구하고, 음파의 탄성에너지도 운동에너지와 같다고 놓고 일률을 구하여 더하면 얻을 수 있는데 계산은 생략하자.
통상 확성기 등에서 발생하는 음파는 특정 방향으로만 음파를 전파시키며, 주위에서 반사된 음파와 겹치게 되지만
미라 나와라. 놀자
여기서는 반사를 무시한 이상적인 음파, 즉 점원에서 모든 방향을 향해 같은 세기로 전파되는 음파에 대해서만 생각하기로 하자.
s

반경 r인 구면 중심에 음원이 있다고 하면, 음원에서 방출된 모든 에너지는 구면을 통과해야겠지?
s
r
즉, 구면을 통과하는 에너지의 일률은 음원이 방출하는 에너지의 일률과 같아. 따라서 음원 s에서 거리 r만큼 떨어진 구면에서의 음파의 세기 I는
$I=\frac{P_s}{4\pi r^2}$
여기서 P_s는 음원 s에서 방출하는 에너지의 일률이고, $4\pi r^2$은 구면의 표면적이네요.
그렇지. 따라서 등방적 음원에서 발생하는 음파의 세기는 음원까지의 거리의 제곱에 반비례 한단다.
사람의 귀가 견딜 수 있는 음파의 최대 변위진폭은 약 10^{-5} m이고,
악! 귀청 터지겠어요.
감지할 수 있는 최솟값은 10^{-11} m야. 이들 사이의 비율은 10^6이고.
뭐라고요?

소리 준위	dB
가청최소 준위	0
대화	60
음악 공연	110
겨우 참을 수 있는 소리	120

음파와 공명
앞의 파동 부분에서 양끝이 고정된 줄에 진행하는 파동들을 보내면 양끝에서 반사되고,
파동의 파장이 줄의 길이와 잘 맞으면 파동들이 간섭을 일으켜서 정지파를 만든다는 것을 배웠지?
네.
공명
플루트나 대금 같은 관악기에서도 같은 현상이 일어나.
필릴리
양끝이 닫혀 있지 않고 열려 있어서도 반사가 일어나나요?
닫혀 있을 때보다 완전하지는 못해서 반사가 일어난단다.
양끝이 닫혀 있을 때의 가장 간단한 정지파(기본 모드)는 그림과 같이 닫혀 있는 끝이 마디가 되고 가운데가 배가 되겠지?
배
마디 음파(종파)
횡파로 나타냈을 경우
그럼 한쪽 끝이 열려 있을 경우는 어떻게 되겠니?
닫힌 쪽은 마디가 되고 열린 쪽이 배가 되겠네요.
배
마디
옆의 것을 반으로 잘랐다고 생각해봐.

이것이 한 끝만 열린 관의 기본모드(가장 간단한 모양)야. 관의 길이가 L이라면 이 경우 파장 $\lambda=4L$이 되지.
n
L
조화모드
1 $\lambda=4L$ 제1
3 $\lambda=4L/3$ 제3
5 $\lambda=4L/5$ 제5
음파는 종파지만 알기 쉽게 횡파로 대응시켜서 그렸음.
두 번째로 간단한 경우 $\lambda=4L/3$이야. 열린 쪽이 배가 되어야 하니까. 그 다음은 $\lambda=4L/5\cdots$ 가 되지.
일반적으로는 $\lambda=\dfrac{4L}{n}\ (n=1,3,5,\cdots)$
n은 홀수여야 되네요. 짝수는 존재하지 않음.
이때의 공명주파수 f는 $f=\dfrac{v}{\lambda}=\dfrac{nv}{4L}\ (n=1,3,5,\cdots)$
양끝은 열린 관의 경우에는 어떻게 되겠니?
양끝이 배가 되어야 하니까
기본모드(제1조화모드)는 아래 그림의 맨 위의 것과 같겠군요.
n
조화모드
1 $\lambda=2L$ 제1
2 $\lambda=2L/2$ 제2
3 $\lambda=2L/3$ 제3

관의 길이가 L이라면 일반적으로
$\lambda = \frac{2L}{n} \ (n=1, 2, 3, \cdots)$
이 되는군요.
이때의 공명주파수는
$f = \frac{u}{\lambda} = \frac{nv}{2L} \ (n=1, 2, 3, \cdots)$
가 된단다.
맥놀이
소리 굽쇠 가지고 놀아야지~
탱
소리 굽쇠를 책상에 치면
왜 와웅와웅 하는 소리가 나죠?
와웅~ 와웅~
소리 굽쇠의 한쪽 팔을 책상에 치면 그 팔이 진동하겠지? 이 진동이 공기를 떨게 하고, 이 공기 진동이 다른 팔을 떨게 하여 두 팔이 모두 진동하게 되지.
소리 굽쇠의 두 팔은 가능한 한 같게 만들려고 하지만 똑같게 만들 수는 없어서 약간 달라. 즉, 두 팔이 약간 다른 진동수로 떠는 거지.

약간 다른 진동수로 떠는 두 팔이 공기를 진동시키고 이 두 진동이 합성되면 와웅 와웅 하는 소리가 나는 거야.
이런 현상을 맥놀이라고 해.
비트(beat)진동이라고 하기도 하지. 심장이 쿵쿵 뛰는 것도 비트진동이야.
네 귀에 들어오는 이 두 음파의 시간에 따른 변위를 각각 $S_1 = S_m \cos \omega_1 t$ $S_2 = S_m \cos \omega_2 t$ 라고 해 보자.
여기서 $\omega_1 \approx \omega_2$ (거의 같음)이고 $\omega_1 > \omega_2$라고 하자. 진폭은 S_m으로 같고.
두 음파를 합성하면 $S = S_1 + S_2$ $= S_m \cos \omega_1 t + S_m \cos \omega_2 t$ $= S_m (\cos \omega_1 t + \cos \omega_2 t)$ $= 2S_m \cos \left[\frac{1}{2}(\omega_1 - \omega_2)t\right]$ $\times \cos \left[\frac{1}{2}(\omega_1 + \omega_2)t\right]$
왜냐하면 삼각함수 공식에 의하면 $\cos \alpha + \cos \beta$ $= 2\cos \left[\frac{1}{2}(\alpha - \beta)\right] \cos \left[\frac{1}{2}(\alpha + \beta)\right]$ 이니까.

여기서
$\frac{1}{2}(\omega_1 - \omega_2) = \omega^*$
$\frac{1}{2}(\omega_1 + \omega_2) = \omega$
라고 놓으면
앞의 식은
$S = \underbrace{[2S_m \cos\omega^* t]}_{\text{진폭}} \underbrace{\cos\omega t}_{\text{진동항}}$
따라서 최대진폭은
$\cos w^* t = \pm 1$
의 값을 가질 때마다 일어나고,
이 현상은 코사인함수가 한 번
반복될 때 두 번 일어나지.
그런데 $\cos\omega^* t$의
각진동수는 ω^*이니까,
맥놀이가 일어나는 각진동수 ω_{beat}는
$\omega_{beat} = 2\omega^*$
위에서 $\omega^* = \frac{1}{2}(\omega_1 - \omega_2)$라고
놓았으므로 대입하면
$\omega_{beat} = 2\frac{1}{2}(\omega_1 - \omega_2)$
$= \omega_1 - \omega_2$
한편 $\omega = 2\pi f$이므로
맥놀이 진동수 f_{beat}는
$2\pi f_{beat} = 2\pi f_1 - 2\pi f_2$
$\boxed{f_{beat} = f_1 - f_2}$

오케스트라에서
악기들을 조율할 때 맥놀이 현상을
이용해.
오보에 A음(440Hz) 내줘.
표준진동수(A음)의 소리를 내면서
맥놀이가 사라질 때까지 다른 악기
음을 맞추는 거지.
삐 삐 삐
삐
삐
삐
도플러 효과
기차가 다가올 때는 경적소리가 높은 음(진동수)으로
들리고 멀어질 때는 낮은 음(진동수)으로 들리지.
삐이익 ~
비이익 ~
이것을
도플러 효과라고 해.
도플러 효과는 음파뿐만 아니라
전자기파에서도 나타나는데
여기서는 음파에 대해서만
생각해 보자.
도플러 효과는
상대운동과 관련된
진동수의 변화인데, 여기서는
공기를 기준틀로 잡자. 즉, 음원
s와 검출기 D의 속력은
공기에 대한 상대속력이야.

1) 음원은 정지해 있고 검출기가 움직일 때
λ
v_D
S
음원 S가 파장 λ, 진동수 f, 음속 v의 구면파를 방출하고 있을 때, 검출기 D가 속력 v_D로 음원을 향해서 움직이는 경우야.
S : source
D : detector

이때 검출기(귀)가 듣는 진동수 f^*를 구해봐.
진동수 f^*는 1초당 반복되는 횟수니까
$f^*=\frac{1초당\ 이동한\ 거리}{파장}$
1초당 이동한 거리 내에 파장(반복)이 몇 개 들어있는지가 반복 횟수!

음파의 파동면이 1초 동안 움직인 거리는 음속 v와 같고, 검출기가 1초 동안 움직인 거리는 v_D니까.
속도=초당 이동거리
파동면이 1초당 이동한 거리는 $v+v_D$
검출기가 음원을 향해 움직이니까 더 많은 파동면(파장)과 마주치게 되죠!

따라서 $f^* = \dfrac{v+v_D}{\lambda}$
그런데 검출기가 정지해 있을 때는
$f = \dfrac{v}{\lambda}$ 니까 $\lambda = v/f$
대입하면
$f^* = \dfrac{v+v_D}{v/f} = f\dfrac{v+v_D}{v}$
만약
$v_D = 0$(검출기 정지)
이면 $f^* = f$,
$v_D > 0$이면
$f^* > f$
검출기가 음원으로부터
멀어질 때는
v_D
v
파동면이 1초당 이동한 거리는
$v - v_D$
검출기가
음원과 멀어지니까
더 적은 파동면과
만나게
되잖아요.
따라서 이때의 진동수 f^*는
$f^* = \dfrac{v-v_D}{\lambda}$
$\lambda = v/f$를 대입하면
$f^* = \dfrac{v-v_D}{v/f} = f\dfrac{v-v_D}{v}$
$f^* < f$
그러므로 음원정지,
검출기 이동 시의 진동수 f^*는
$f^* = f\dfrac{v \pm v_D}{v}$
f는 검출기도
정지 시의 진동수

2) 검출기가 정지해 있고 음원이 움직일 때
정지
v_s
v
이 경우에는 파동면이 음속 v로 움직이고 있고, 음원이 또 속력 v_s로 다가오니까 파동면 사이의 간격(파장)이 작아져.

왜냐하면 이미 만들어진 파동면을 음원이 쫓아오면서 새로운 파동면을 만들기 때문이지.
이미 만들어진 파동면
새로 만들어진 파동면
v
v_s
따라서 파동면 사이의 간격(파장)이 $v-v_s$만큼 작아지는 거야.
음원도 정지해 있을 때는 파장 $\lambda=\frac{v}{f}$인데, 이것이 $v-v_s$만큼 짧아지니까
짧아진 파장 λ^*는 $\lambda^*=\frac{v-v_s}{f}$가 되는 거지.

이 λ^*를
$f^*=\frac{v}{\lambda^*}$
에 대입하면 변화된 진동수 f^*는
$f^*=\frac{v}{(v-v_s)/f}=f\frac{v}{v-v_s}$
음원이 멀어진다면, 파장이 $v+v_s$만큼 커져서
$\lambda^*=\frac{v+v_s}{f}$
따라서
$f^*=\frac{v}{(v+v_s)/f}=f\frac{v}{v+v_s}$

그러므로 검출기가 정지해 있고 음원이 이동할 때 변화된 진동수 f^*는
$f^* = f\frac{v}{v \pm v_s}$
f는 둘 다 정지 시의 진동수
1), 2)의 경우의 식을 합해서 쓰면
$f^* = f\frac{v \pm v_D}{v \pm v_s}$
이 식의 (±)부호는 검출기와 음원이 서로 가까워지면 진동수 f^*가 증가하도록, 멀어지면 진동수 f^*가 감소하도록 정하면 되는군요.
예를 들어 검출기가 음원을 향해서 움직이면 진동수 f^*가 증가되어야 하므로 분자에 (+)부호를, 검출기가 음원에서 멀어지면 진동수 f^*가 감소되어야 하므로 분자에 (−)부호를 사용해야 하지. 물론 검출기가 정지해 있으면 $v_D = 0$이지.
또 음원이 검출기를 향해 움직이면 진동수 증가 → 분모(−), 음원이 검출기에서 멀어지면 진동수 감소 → 분모(+), 음원이 정지해 있으면 $v_s = 0$이겠군요.
이것을 도플러 효과라고 하는 거야. 1842년 오스트리아의 물리학자 Johann Christian Doppler가 제안한 거지.

초음속, 충격파
초음속 비행기닷!
크 왕
짱그랑
우와. 유리창이 다 깨져버렸네.
초음속 비행기가 음속을 통과할 때 충격파가 생겨서 유리창이 깨질 정도로 엄청난 소리가 나는 거야.
음원(비행기)의 속도 v_s가 소리의 속도(음속) v와 같으면 $(v_s = v)$
$f^* = f\frac{v}{v-v_s} = \infty$
진동수 f^*는 무한대가 되지.
또 $v_s > v$이면 초음파가 되서 위의 식을 더 이상 적용할 수는 없어.
비행기가 음속으로 비행한다면 공 모양의 파동면과 같이 움직이지.
v_s
s
파동면이 발생해서 음속으로 이동하는데 음원도 음속으로 이동하니까.

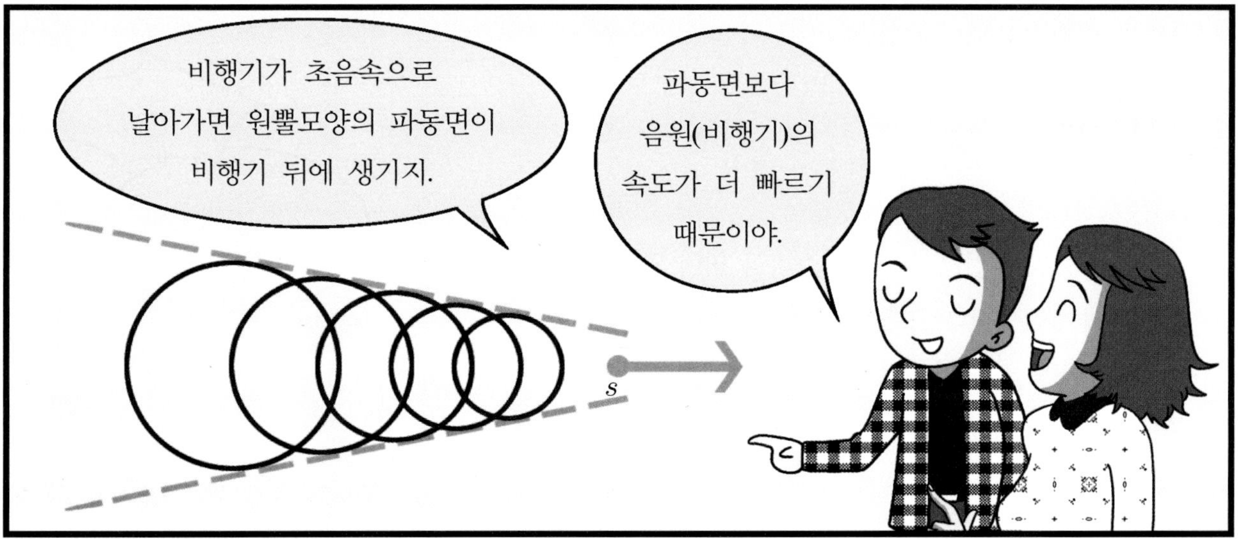
비행기가 초음속으로 날아가면 원뿔모양의 파동면이 비행기 뒤에 생기지.
파동면보다 음원(비행기)의 속도가 더 빠르기 때문이야.
s

이 원뿔을 마하원뿔이라고 해. 충격파는 원뿔의 표면에 존재하는데 왜냐하면 표면에서 파동면이 겹쳐서
표면을 지나갈 때 공기의 압력이 급격하게 증가했다가 감소하기 때문이야.

마하원뿔의 반의 각도 θ는 sinθ = v/v_s 로 주어져.
마하 2.5라는 것은 음속의 2.5배로 비행기가 날아간다는 뜻이야.
충격파음은 총에서 총알이 발사될 때도 들리지.

퀴즈 1

사람의 귀가 견딜 수 있는 소리의 최대 압력진폭 Δp_m 은 약 28 Pa이다. 진동수 $f = 500\ \text{Hz}$인 소리에 대하여 귀가 견딜 수 있는 변위진폭 s_m을 구하라. 단, 공기의 밀도는 $\rho = 1.21\ \text{kg/m}^3$, 속력 $v = 343\ \text{m/s}$이다.

답

압력진폭 Δp_m 과 변위진폭 s_m 사이에는 다음의 관계가 있다.

$$\Delta p_m = (v\rho\omega)s_m$$

그런데 각진동수 $\omega = 2\pi f$이므로 대입하면

$$\Delta p_m = (v\rho 2\pi f)s_m$$

따라서 $s_m = \dfrac{\Delta p_m}{v\rho 2\pi f}$

주어진 값을 대입하면$= \dfrac{28\ \text{Pa}}{(343\ \text{m/s})(1.21\ \text{kg/m}^3)(2)(3.14)(500\ \text{Hz})}$

$$\approx 2.1 \times 10^{-5}\ \text{m} = 21\ \mu\text{m}$$

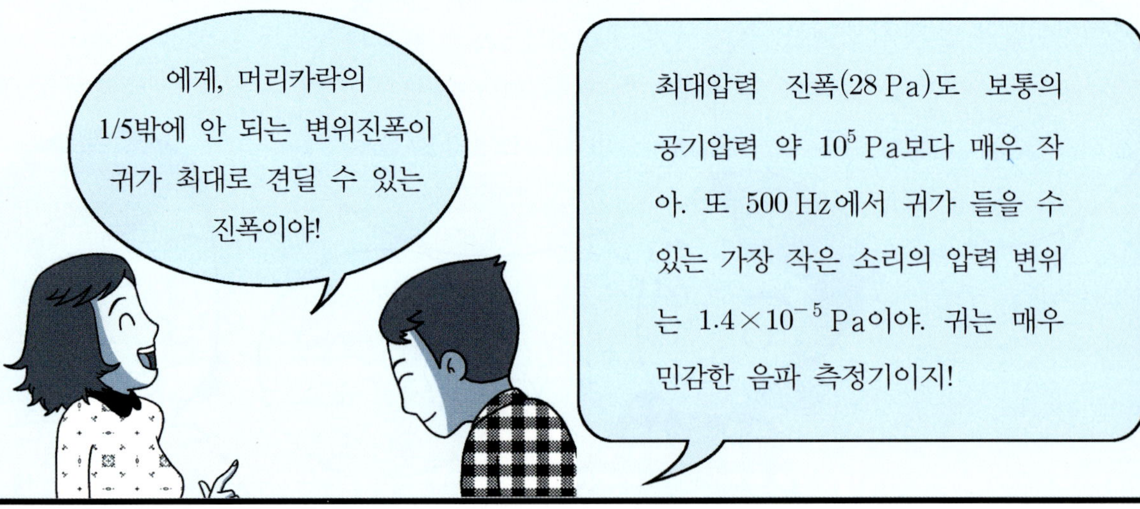

퀴즈 2

위상과 파장이 같은 음파를 발생하는 두 점원 S_1과 S_2가 거리 $D=1.5\,\lambda$만큼 떨어져 있다.

(a) 점 P_1이 D를 수직이등분하는 선 상에 있고 두 점원으로부터의 거리가 D보다 매우 클 때 점 P_1에서 두 점원 S_1과 S_2에서 나온 음파의 경로차를 구하라.

(b) 두 점원 S_1과 S_2의 중앙을 중심으로 하는 D보다 큰 반경의 원 둘레 위에서 완전 보강 간섭을 일으키는 점들을 도시하라.

답

(a) $L_1=L_2$이므로 경로차 ΔL은 영이다.

$\Delta L=0$. 따라서 완전보강간섭이 일어난다.

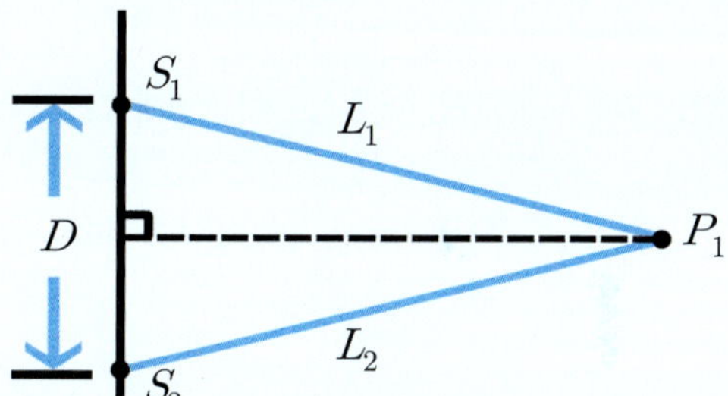

(b) 점 a와 c에서의 경로차

$\Delta L=0 \rightarrow$ 완전보강간섭

점 b와 d에서의 경로차

$\Delta L=D=1.5\,\lambda \rightarrow$ 완전소멸간섭

따라서 점 a와 b, b와 c, c와 d, a와 d 사이에는 경로차 $\Delta L=1\,\lambda$인 점들이 존재해야만 한다.(이때 완전보강간섭)

따라서 완전보강간섭을 일으키는 점들은 a, a', b', c, c', d'의 6개이다.

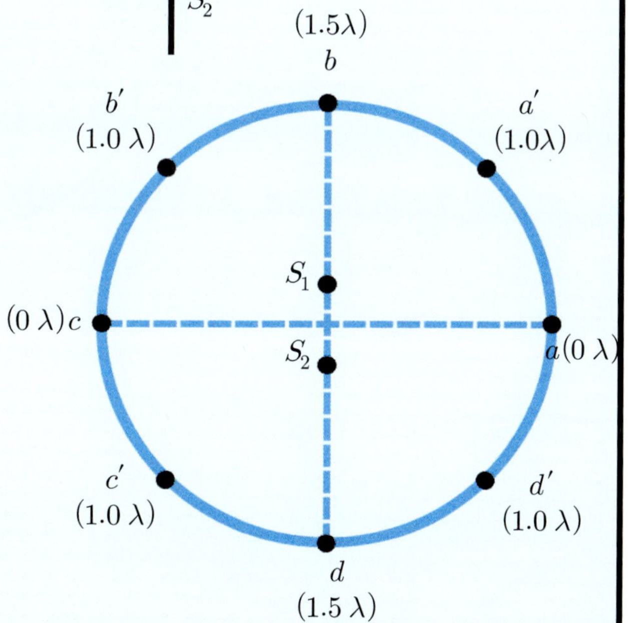

퀴즈 3

점원에서 방출출력 $P_s = 2.4 \times 10^3\ W$의 소리가 발생한다.

(a) 음원에서 거리 $r = 6.0\ \mathrm{m}$ 떨어진 곳에서 소리의 세기 I를 구하라.

(b) 음원에서 거리 $r = 1.0\ \mathrm{m}$ 떨어지고 음원 쪽을 향해 있는 면적 $A_d = 1.6\ \mathrm{m}^2$의 검출기에서 측정된 소리에너지의 시간변화율(일률) P_d를 구하라.

답

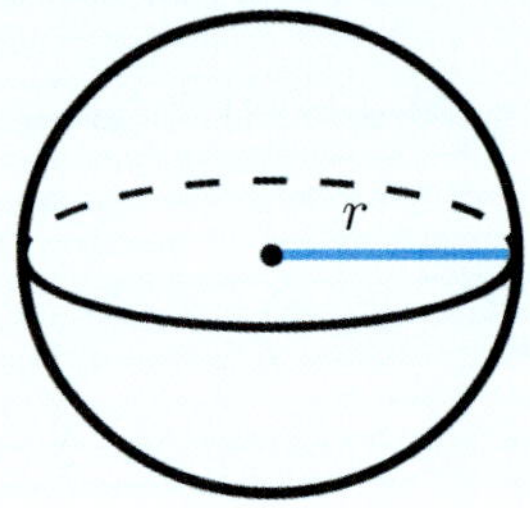

(a) $I = \dfrac{P_s}{A}$. 음원에서 반경 r인 가상의 구를 생각하면

이 구의 면적 $A = 4\pi r^2$. 따라서

$$I = \frac{P_s}{A} = \frac{2.4 \times 10^3\ W}{4\pi r^2} = \frac{2.4 \times 10^3\ W}{4(3.14)(6.0\ \mathrm{m})^2}$$

$$= 5.3\ \mathrm{W/m^2}$$

(b) $I = \dfrac{P_d}{A_d}$, $P_d = IA_d$, 이 식에 (a)에서 구한 I 대입

$P_d = (5.3\ \mathrm{W/m^2})(1.6\ \mathrm{m^2}) = 8.5\ \mathrm{W}$

퀴즈 4

청력이 약한 노인들이 사용하는 보청기는 소리준위를 20dB 증가시킨다면 소리의 초기세기 I_i에 대한 최종세기 I_f의 비율을 구하라.

답

소리준위 β는 초기음파의 세기 I_0와 최종음파의 세기 I를 이용하여

$$\beta = (10\text{dB})\log\frac{I}{I_0}$$

이 log는 밑이 10인 로그 $\log_{10}$

로 정의한다.

따라서, 보청기를 사용하여 얻는 최종 소리준위 β_f는

$$\beta_f = (10\text{dB})\log\frac{I_f}{I_0}$$

또, 보청기를 사용하기 전의 초기 소리준위 β_i는

$$\beta_i = (10\text{dB})\log\frac{I_i}{I_0}$$

이 두 소리준위의 차가 20dB이어야 한다.

$$\beta_f - \beta_i = (10\text{dB})\left(\log\frac{I_f}{I_0} - \log\frac{I_i}{I_0}\right) = 20\text{dB}$$

그런데

$$\begin{aligned}\log\frac{I_f}{I_0} - \log\frac{I_i}{I_0} &= \log I_f - \log I_0 - (\log I_i - \log I_0) \\ &= \log I_f - \log I_0 - \log I_i + \log I_0 \\ &= \log\frac{I_f I_0}{I_0 I_i} = \log\frac{I_f}{I_i}\end{aligned}$$

대입하면

$$(10\text{dB})\log\frac{I_f}{I_i} = 20\text{dB}$$

$$\log\frac{I_f}{I_i} = 2.0,\ \ \frac{I_f}{I_i} = \log^{-1}(2.0) = 100$$

퀴즈 5

양끝이 열린 종이로 만든 관 안에 기본 정지파가 방 안의 약한 배경잡음에 의해서 만들어졌다. 관의 길이가 58.0 cm이고 관 속의 음속이 343 m/s이다.

(a) 관에서 들리는 기본 진동수를 구하라.

(b) 관의 한쪽 끝에 귀를 가까이 가져갔을 때 관에서 들리는 기본진동수를 구하라.

답

(a) 관의 양쪽이 열려 있으므로 관의 끝에서 배가 생기고, 이때 진동수 f는 $f=\frac{nv}{2L}$, $n=1$을 대입해서 기본 모드의 진동수를 구하면

$$f=\frac{(1)(343\ \mathrm{m/s})}{2(0.58\ \mathrm{m})}\approx 296\ \mathrm{Hz}$$

(b) 귀를 대면 한쪽 끝이 닫힌 관이 되므로 이쪽에 마디가 생기고 열린 쪽에 배가 생기며, 이때 진동수 f는

$$f=\frac{nv}{4L}=\frac{(1)(343\ \mathrm{m/s})}{4(0.58\ \mathrm{m})}\approx 148\ \mathrm{Hz}$$

퀴즈 6

진동수 $f_1 = 10\ \mathrm{Hz}$인 사인모양의 음파와 진동수 $f_2 = 11\ \mathrm{Hz}$인 사인모양의 음파가 중첩되었을 때 맥놀이 진동수 f_{beat}를 구하고 도시하라.

답

맥놀이 진동수 f_{beat}는

$$f_{beat} = f_2 - f_1 = 11\ \mathrm{Hz} - 10\ \mathrm{Hz} = 1\ \mathrm{Hz}$$

도시하면 아래 그림과 같다.

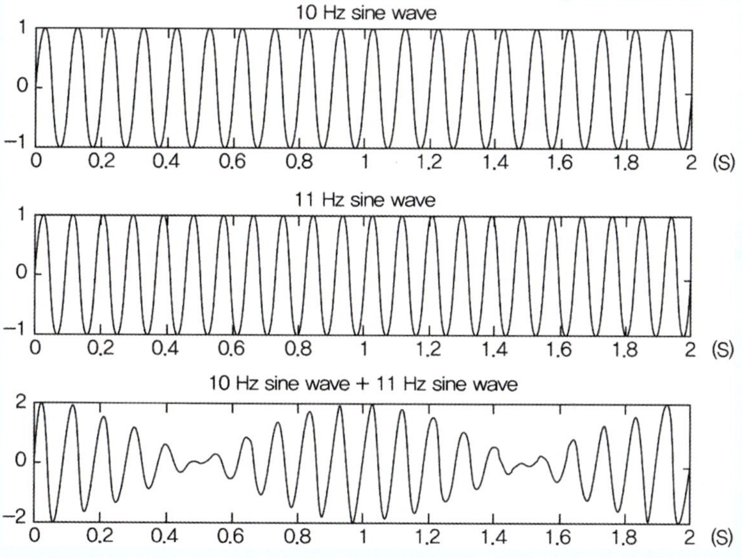

음파는 종파이지만 이해를 돕기 위해서 횡파로 도시했음.

맥놀이의 주기 $T = 1$초이므로

진동수 $f_{beat} = \dfrac{1}{T} = 1\ \mathrm{Hz}$

퀴즈 7

기차가 진동수 $f = 300\text{ Hz}$의 경적을 울리면서 속력 $v_t = 55.5\text{ m/s}$으로 달리고 있다. 자동차가 같은 방향으로 속력 $v_c = 27.8\text{ m/s}$ 주행하고 있다.

(a) 자동차가 탐지하는 진동수 f_{cd}를 구하라.

(b) 자동차에서 반사되어 기차가 탐지하는 메아리의 진동수 f_{td}를 구하라. 단, 음속은 343 m/s이다.

답

기차와 자동차가 상대운동을 하므로 도플러 효과에 의해 진동수가 변한다.

$$f^* = f\frac{v \pm v_0}{v \pm v_s}$$

(a) 기차가 음원이므로 $v_s = v_t$, 자동차가 검출기이므로 $v_D = v_c$.음원인 기차는 다가가고 있으므로 진동수가 커져야 하니까 분모의 $v_s = v_t$는 (−), 검출기인 자동차는 멀어지므로 진동수가 작아져야 하니까 분자의 $v_D = v_c$.도(−).

따라서

$$f_{cd} = f\frac{v - v_c}{v - v_t} = (300\text{ Hz})\frac{343 - 27.8}{343 - 55.5}$$
$$\approx 329\text{ Hz}$$

(b) 이 경우에는 자동차가 (a)에서 계산한 진동수 f_{cd}를 방출하는 음원이 된다. 또 음원인 자동차가 멀어지고 ($v_s = +v_c$), 검출기인 기차가 다가가므로 ($v_0 = +v_t$)이다. 따라서

$$f_{td} = f_{cd}\frac{v + v_t}{v + v_c} = (329\text{ Hz})\frac{343 + 55.5}{343 + 27.8}$$
$$\approx 354\text{ Hz}$$

6. 열과 온도

온도
앞에서는 하나 또는 몇 개의 입자 또는 물체가 힘을 받아서 어떻게 운동하는가를 다루는 고전역학(뉴턴역학)에 대해서 배웠지?
이제부터는 무수히 많은 원자 또는 분자가 열에너지에 의해 힘을 받아서 어떻게 운동하는지를 다루는 열역학에 대해서 배워보자.
원자 또는 분자의 수가 얼마나 많은가 하면, 예를 들어서 기체 1몰(22.4리터) 속에는 아보가드로 수(6.02×10^{23})개의 분자들이 들어있어.
이 수많은 분자들 하나하나가 어떻게 운동하는가를 모두 계산하는 것은 불가능하겠네요.
그래서 수많은 분자들이 평균적으로 움직이는 평균속도라는 것을 써서 통계적으로 처리하는 것이 열역학이야.
이 평균속도는 온도로 나타내어지지.
온도증가
－평균속도증가

온도는
기본 물리량 중의 하나야.
물리학에서는
온도를 켈빈(K)이라는
단위로 나타내.
켈빈 남작
본명 윌리엄 톰슨
1824.6.26~1907.12.7
온도를 켈빈(K)로 나타내면
가장 낮은 온도는 0 K이 되고,
높은 쪽도 상한이 없어.
섭씨 0 도(0°C)는
273 K이야.
그럼 실온 25°C는
25 + 273 = 298 K이
되겠군요.
온도에 관한 열역학 제0법칙
물체 A와 B가 다른 물체 C와
각각 열평형을 이룬다면 A와 B
도 열평형을 이룬다.
온도가 더 이상 변하지 않는
상태를 열평형이라고 해.
당연한 얘기 아닌가요?

온도의 측정
온도의 측정은 재현 가능한 열적현상에 켈빈온도 값을 부여하는 것으로 한단다.
이러한 열적현상으로는 물의 상중점을 사용해.
물의 삼중점이란 물의 삼상 (고체－얼음, 액체－물, 기체－수증기)가 공존하는 상태야.
수증기
기체 온도계
얼음
물
이때는 온도와 압력이 유일한 값이지. 이 상태의 온도를
$T_3 = 273.16\ \mathrm{K}$
이라고 정하는 거야.
아래첨자 3은 3중점이라는 뜻
섭씨로는 0°C
켈빈온도를 쓸 때는 (°) 기호를 쓰지 않아. 예를 들면 300 K이라고 쓰고,
300켈빈이라고 읽는군요.

섭씨온도와 화씨온도
켈빈온도는 주로 과학 분야에서 사용해. 일상적으로는 거의 모든 나라에서 섭씨온도를 사용하지.
섭씨 1도는 켈빈 1도와 같은 크기야. 하지만 섭씨 0도는 절대 영도(= 0 K)와는 달라.
섭씨온도 T_c와 켈빈 온도 T 사이에는 $T_c = T - 273.15°$ 의 관계가 있어.
따라서 섭씨 0.00 °C는 켈빈온도로는 273.15 K이지.
미국에서는 화씨온도를 사용하잖아요!
화씨온도는 섭씨온도보다 눈금이 작고 0도도 달라.

섭씨온도 T_c와 화씨온도 T_F 사이의 관계는 $T_F = \frac{9}{5}T_c + 32°$
그러면 0 C° = 32 F° 네요.
F : 화씨

온도 차이를 나타낼 때는 (°) 기호를 뒤에 써. 예를 들어 섭씨 온도차가 5도이면 위 식으로부터 화씨로는 9도 차이가 있겠지?
이것을 5 °C = 9 °C 라고 나타낸단다.

열팽창
대부분의 물질은 온도가 올라가면 내부의 원자 사이의 간격이 멀어져서 팽창하는데.
이것을 열팽창이라고 해.

만약 길이 L인 금속막대의 온도가 ΔT만큼 올라가서 길이가 ΔL만큼 늘어난다면
$\Delta L = L\alpha\Delta T$
의 관계가 있어.
여기서 α를 선팽창계수라고 불러. 앞의 식을 다시 쓰면
$\alpha = \frac{\Delta L}{L} \cdot \frac{1}{\Delta T}$
따라서 선팽창계수는 도당 또는 켈빈당 단위야. 선팽창계수는 물체에 따라 달라. 또 온도에 따라 조금 변하지만 간단히 사용하기 위해서 상수 취급을 하지.
만약 고체가 온도에 따라서 모든 방향으로 팽창한다면 부피 팽창한다고 하지. 액체의 경우에는 부피팽창이 유일하게 의미 있는 팽창계수지.
부피 V인 고체나 액체의 온도가 ΔT만큼 올라갈 때 부피가 ΔV만큼 변한다면
$\Delta V = V\beta\Delta T$
여기서 β는 고체나 액체의 부피팽창계수야. 선팽창계수 α와는 다음의 관계가 있지.
$\beta = 3\alpha$

몇몇 물질의 선팽창계수는 아래 표와 같아.

물질	$\alpha(10^{-6}/°C)$	물질	$\alpha(10^{-6}/°C)$
납	29	강철	11
알루미늄	23	유리	9
구리	17	다이아몬드	1.2
콘크리트	12	석영	0.5

이와 같이 온도가 변하는 것은 열에너지가 전달되기 때문이야.
열에너지는 원자나 분자 같은 미시적 입자의 막운동과 관련된 운동에너지와 퍼텐셜에너지로 이루어진 내부에너지란다.
이제 커피를 계(온도 T_S)라고 하고 방을 계의 주위 온도(T_E) 라고 하자.
S : System계
E : Evironment 환경
열 Q는 에너지인데, 열이 계(커피)에서 주위(방 안)로 전달되면 (열방출) 음의 값을 가져.
T_E 방 Q
계 입장에서 열에너지가 감소하니까.
$T_S > T_E$
$Q < 0$
반대로 주위(방)에서 계(얼음)로 전달될 때는(열흡수) 양의 값을 가지지.
T_E 방 Q 얼음 T_S
계 입장에서 열에너지가 증가하니까.
$T_S < T_E$
$Q > 0$
또 계와 주위의 온도가 같다면 열에너지는 방출되지도 흡수되지도 않아.
$T_S = T_E$
$Q = 0$
열평형

따라서 열은 다음과 같이 정의해.
열은 에너지이므로 단위로는 에너지의 단위인 줄(J)을 사용해. 또 칼로리(cal)를 사용하기도 하는데 이 둘 사이에는 다음의 관계가 있지.
열은 계와 주위의 온도 차이에 따라서 계와 주위 사이에 전달되는 에너지다.
1 cal = 4.1868 J
열용량
같은 온도의 두 알루미늄괴의 온도를 1°C만큼 올리는 데 드는 열은 어느 쪽이 더 크겠니?
5 kg
Al
A
50 kg
Al
B
그거야 질량이 큰 B겠죠.
열이 많이 드는 것을 열용량이 크다고 한단다.
열용량 C는 물체가 흡수하거나 방출하는 열 Q와 물체의 온도 변화 ΔT 사이의 비례상수로서 정의해.
$Q = C\Delta T = C(T_f - T_i)$
최종온도
초기온도
그럼 열용량의 단위는 cal/℃, cal/K, J/K 등이 되겠네요.

비열
단위 질량당의 열용량을 비열이라고 해.
비열을 알면 물질이 다르더라도 단위 질량을 같은 온도만큼 올리는 데 어느 쪽이 열이 더 드는지 알 수 있겠군요.

비열 c는 다음과 같이 정의하지.
$Q=cm\Delta T=cm(T_f-T_i)$
앞의 알루미늄과 A(5 kg)과 B(505 kg)의 열용량은 각각 4,500 J/°C, 45,000 J′/°C 이지만 비열은 둘 다 900 J/°C
물질이 같으니까

몰비열
몰(mol)은 많은 경우에 물질의 양을 나타내는 편리한 단위야.
1 mol은 어느 물질에서나
$1\ \text{mol} = 6.02\times10^{23}$ 기본단위
아보가드로 수

실온에서 몇몇 물질의 비열과 몰비열

물질	비열		몰비열
	cal/g·k	J/kg·k	J/mol·K
납	0.0305	128	26.5
알루미늄	0.215	900	24.4
화강암	0.19	790	
물	1.00	4190	

대기압하에서
물체에 열을 가하면
보통 부피가 팽창하겠지?
이 경우의 비열을
등압비열이라고 해.
압력은 대기압으로
일정하니까.
한편 열을 가하면서
압력을 가해서 부피가
팽창을 못 하고 일정하게 만들면서
측정한 비열을
등적비열이라고 하지.
부피일정=등적

고체나 액체의 경우에는
등압비열과 등적비열이 몇 % 밖에
차이가 나지 않지만
기체의
경우에는
차이가 매우
크단다.

변환열
고체나 액체가
열에너지를 흡수하더라도
반드시 온도가 올라가는
것은 아니야.
상이 바뀔 때는
온도가 안 올라가죠.

예를 들어서 고체가 액체로 바뀔 때는 온도가 안 올라가죠. 고체 상태에서는 분자들이 견고한 상태로 고정되어 있는데
열을 받으면 분자들의 결합을 깨는데 열에너지가 소모되어 분자들이 보다 느슨한 상태가 되어 액체가 되는 거잖아요.
액체가 기체로 될 때도 마찬가지지. 거꾸로 기체가 액체가 될 때, 또 액체가 고체가 될 때는 열에너지가 방출되고 온도는 변하지 않아.
시료가 완전한 상변화를 일으키기 위해 열로 전달되는 단위 질량당 에너지를 변환열 L이라고 해.
잠열이라고도 하죠.
따라서 질량 m인 물질의 상이 완전히 변하려면 총에너지 전달량은 다음과 같다.
$Q = L_m$
액체에서 기체, 또는 기체에서 액체로 바뀔 때의 변환열을 증발열 L_v라고 해. 또 고체에서 액체, 액체에서 고체로 바뀔 때의 변환열을 융해열 L_F라고 하지.

몇몇 물질의 변환열은 아래 표와 같아.

물질	융점(K)	융해열 L_F(kJ/kg)	비점(K)	증발열 L_v(kJ/kg)
수소	14.0	58.0	20.3	455
산소	54.8	13.9	90.2	213
물	273	333	373	2256
납	601	23.2	2017	858
구리	1356	207	2868	4730

열역학 제1법칙

따라서 기체의 내부에너지 변화 ΔE_{int}은 $\Delta E_{int} = Q - W$ 가 돼.
이것을 열역학 제1법칙이라고 해.
열역학 제1법칙
계의 내부에너지 E_{int}는 열(Q)의 형태로 에너지가 더해지면 증가하고 계가 일(W)을 하면 감소한다.
열역학 제1법칙은 에너지 보존법칙이야. 가하진 열에너지는 어디로 가는 것이 아니라 계의 내부에너지로 저장되고, 계가 일을 하면 그만큼 내부에너지가 감소한다는 거지.
만약, 냉각기를 돌려서 기체로부터 열 Q를 방출시키면 (음의 열 $-Q$) 내부에너지는 그만큼 감소하겠네요.
또, 피스톤이 내려오면 기체가 음의 일($-W$)을 하게 돼서 기체의 내부에너지는 증가하겠군요.
따라서 이때, 내부에너지 변화 ΔE_{int}는 $\Delta E_{int} = -Q - (-W)$ $= -Q + W$ 가 되네요.

기체가 피스톤을 미소 변위 $\overrightarrow{ds}$만큼 올릴 때 한 일 W를 계산해 봐라.
기체의 압력을 p, 피스톤의 면적을 A라고 하면 기체가 피스톤을 올리는 힘 $\overrightarrow{F}$는 $\overrightarrow{F}=pA$
압력은 단위면적당 힘이므로 힘 $\overrightarrow{F}$는 납알들이 피스톤을 누르는 힘과 같네.
그런데 미소변위 $\overrightarrow{ds}$만큼 올릴 때 한 일 dW는 dW=힘×미소변위 $=\overrightarrow{F}\cdot\overrightarrow{ds}=pAds$ $=pdV$
면적 A×미소변위 ds =미소부피 dV
기체 부피가 초기 V_i에서 최종 V_f로 변화했다면 V_i에서 V_f까지 적분하면 되니까 $W=\int dW=\int_{V_i}^{V_f} pdV$ 가 되는 거죠!
기체의 부피가 V_i에서 V_f로 변하는 동안에 압력이 변하면 위의 적분을 계산해야 되고,
만약 압력이 일정하다면 압력 p가 상수이므로 적분 밖으로 나와서 $W=p\int_{V_i}^{V_f} dV=p[V]_{V_i}^{V_f}$ $=p(V_f-V_i)$ 로 간단해지지.

특수한 경우들
1) 단열과정
납알
단열벽
피스톤 (단열재질)
기체
그림과 같이 단열벽 때문에 열의 출입이 없으면 (가열기, 냉각기가 없다)
기체(계)와 주위 사이에서 에너지가 전달될 수 있는 유일한 방법은 일에 의한 것이겠지?
피스톤 위의 납알을 몇 개 덜어내어 기체가 팽창하도록 하면 기체(계)가 일을 하여 ($W > 0$) 내부에너지는 감소하겠네요.
납알을 추가해서 기체를 압축시키면 기체(계)에 일이 가해져서 ($W < 0$) 내부에너지는 그만큼 증가하겠군요.
단열과정에서는 열에너지 전달이 일어나지 않으므로 $Q = 0$이고, 이것을 열역학 제1법칙 ($\Delta E_{int} = Q - W$)에 대입하면
$\Delta E_{int} = -W$

2) 등적과정
만약 기체로 이루어진 계의 부피가 일정하게 유지된다면 계는 일을 할 수 없겠지?
W=0
열역학 제1법칙에 W=0을 대입하면 $\Delta E_{int} = Q$
등적=부피 (체적)가 일정
즉, 계가 열을 흡수하면 (Q>0)계의 내부에너지는 증가하고, 열을 읽으면 (Q<0) 내부에너지는 감소하는군요.
길치길치
3) 순환과정
계에 흡수된 열만큼 계가 일을 하는 경우를 말해.
이때는 Q= W이니까. $\Delta E_{int} = 0$. 즉, 내부에너지는 불변이네요.
4) 자유팽창
계와 주위 사이에 열전달이 없고, 계가 일도 하지 않는 단열과정이야.
즉, $Q = W = 0 \Rightarrow \Delta E_{int} = 0$
기체
진공
단열벽
단열팽창모텔
코코를 열면 기체가 자유롭게 팽창하여 두 방을 채우겠지. 이때 두 방은 단열되어 있으므로 열전달은 없어(Q=0).
또 기체가 진공으로 들어가므로 압력을 받지 않아서 일도 하지 않지(W=0).

열전달
계와 주위 사이에 열전달이 일어나는 방법에는 전도, 대류, 복사의 세 가지가 있어.
1) 전도
어, 뜨거워진다.
쇠 젓가락
뜨거운 물
쇠 젓가락의 한쪽 끝을 뜨거운 물에 오래 담가두었을 때 손으로 잡고 있는 곳도 뜨거워지는 이유는 뭘까?
주위의 온도 (뜨거운 물의 온도) 가 높기 때문에 뜨거운 물속에 있는 쪽의 쇠 속의 원자와 전자가 진동하는 폭이 상대적으로 커지죠.
이렇게 늘어난 진동의 폭과 에너지는 원자들의 충돌을 통해서 원자에서 원자로 전달되어 쇠 젓가락을 따라 손으로 잡고 있는 곳까지 온도가 올라가기 때문이죠.
이러한 현상을 열전도라고 해. 에너지가 물에서 쇠 젓가락을 따라서 전도된 거지.

면적이 A이고 두께가 L인 판(빗금 친 부분)의 양쪽 면이
L
고온 T_H
k
Q
저온 T_C
386°
고온 T_H와 저온 T_c로 유지될 때, 시간 t 동안 판의 뜨거운 면에서 차가운 면으로 판을 통해 열의 형태로 전달된 에너지를 Q라고 하자.
실험에 의하면 단위시간당 전달되는 에너지양인 전도율 P_{cond}는 다음과 같다.
$P_{cond} = \frac{Q}{t} = kA\frac{T_H - T_C}{L}$
cond : conduction 전도
음, 전도율은 온도차 $(T_H - T_C)$가 커지면 커질 거고, 단면적 A가 커지면 커질 것이고, 두께 L이 커지면 작아질 거니까 이런 식이 되는 군요.
위 식에서 비례상수 k를 열전도도라고 불러.
열전도도는 물질에 따른 상수
전도현상에 의해서 에너지를 빨리 전달하는 물질은 좋은 열전도체이고 k값이 크지.

몇몇 물질의 열전도도

물질	열전도도 $k(\omega/\mathrm{m \cdot K})$	물질	열전도도 $k(\omega/\mathrm{m \cdot K})$
스티로폼	0.03	강철	14
전나무	0.11	납	35
창유리	1.0	알루미늄	235
공기	0.026	구리	401
수소	0.18	은	428

두께가 다르고 열전도도가 다른 두 물체로 이루어진 복합판을
통해서 열이 전달될 경우의 전도율 P_{cond}을 구해보자.
판의 면적은 둘 다 A
L_2 L_1
고온 T_H
k_2 k_1
저온 T_C
Q
T_x
이때 열전달이 정상상태의 과정이라고 가정하자. 정상상태란 온도와 에너지 전달률이 판의 모든 곳에서 시간에 따라 변하지 않는 상태야.
정상상태에서 두 물체를 통한 전도율은 같아야 됨. 만약 그렇지 않으면, 에를 들어 판 2가 판 1보다 열을 더 전달하면 판 1에 열이 쌓여서 온도가 올라가겠지? 그러면 온도가 변하니까 정상상태가 아니지!
두 판의 경계면의 온도를 T_x라고 하면, 앞의 전도율 P_{cond}에 관한 식 $P_{cond}=kA\frac{T_H-T_C}{L}$ 로부터
$P_{cond}=\frac{k_2A(T_H-T_x)}{L_2}=\frac{k_1A(T_x-T_C)}{L_1}$
전도율이 같아야 하니까.

이 식에서 T_x를 소거하기 위해서 T_x에 대해서 정리하면
$\frac{k_2A\,T_H - k_2A\,T_x}{L_2} = \frac{k_1A\,T_x - k_1A\,T_C}{L_1}$
$\frac{-k_2A\,T_x}{L_2} - \frac{k_1A\,T_x}{L_1} = -\frac{k_2AT_H}{L_2} - \frac{k_1AT_C}{L_1}$
$\left(\frac{k_2A}{L_2} + \frac{k_1A}{L_1}\right)T_x = \frac{k_2AT_H}{L_2} + \frac{k_1AT_C}{L_1}$
$T_x = \frac{\left(\frac{k_2T_H}{L_2} + \frac{k_1T_C}{L_1}\right)A}{\left(\frac{k_2}{L_2} + \frac{k_1}{L_1}\right)A} = \frac{\frac{k_2T_H}{L_2} + \frac{k_1T_C}{L_1}}{\frac{k_2}{L_2} + \frac{k_1}{L_1}}$
$= \frac{\frac{k_2L_1T_H + k_1L_2T_C}{L_2L_1}}{\frac{k_2L_1 + k_1L_2}{L_2L_1}} = \frac{k_2L_1T_H + k_1L_2T_C}{k_2L_1 + k_1L_2}$
이것을 앞의 식 $P_{cond} = \frac{k_2A(T_H - T_x)}{L_2}$에 대입하면
$P_{cond} = \frac{k_2A\left(T_H - \frac{k_2L_1T_H + k_1L_2T_C}{k_2L_1 + k_1L_2}\right)}{L_2}$
$= \frac{k_2A\left(\frac{k_2L_1T_H + k_1L_2T_H - k_2L_1T_H - k_1L_2T_C}{k_2L_1 + k_1L_2}\right)}{L_2}$
$= \frac{k_2A\left(\frac{k_1L_2T_H - k_1L_2T_C}{k_2L_1 + k_1L_2}\right)}{L_2}$
$= \frac{k_2A(k_1L_2T_H - k_1L_2T_C)}{L_2(k_2L_1 + k_1L_2)}$

$= \dfrac{A(T_H - T_C)k_1k_2}{k_2L_1 + k_1L_2}$
k_1k_2로 분모, 분자를 나누면
$= \dfrac{A(T_H - T_c)}{\dfrac{k_2L_1 + k_1L_2}{k_1k_2}}$
$P_{cond} = \dfrac{A(T_H - T_C)}{L_1/k_1 + L_2/k_2}$
이 식을 여러 개의 판에 대해서 확장할 수 있어.
$P_{cond} = \dfrac{A(T_H - T_C)}{\sum(L/k)}$
예를 들어 판이 3개라면
$P_{cond} = \dfrac{A(T_H - T_C)}{L_1k_1 + L_2k_2 + L_3k_3}$
2) 대류
대류에 의해 열에너지가 위로 올라가는 거 보여?
네.
대류는 공기나 물과 같은 유체가 온도가 높은 물체와 접촉할 때 생겨.

뜨거운 물체와 접촉하는 부분에서 유체의 온도가 올라가서 팽창하고 밀도가 낮아지지.
뜨거운 유체
차가운 유체
팽창한 유체는 가벼우니까 부력에 의해 위로 올라가고, 주위의 차가운 유체가 올라간 유체의 자리를 채우고, 이 과정이 지속되는 거야.
대기의 대류는 지구의 기후변화와 일기변화를 만들지.
야호
새는 상승기류를 이용하여 떠 있으려고 해.
바다에서는 대류(해류)에 의해 큰 규모로 에너지가 전달되지.
3) 복사
복사는 전자기파에 의한 것이야.
(적외선, 가시광선 등)
전자기파
아, 따뜻해.
복사란 "방출"이란 뜻이야. 복사에 의한 열전달에는 매개체가 필요 없어. 진공을 통해서도 전달되지.
태양
진공
전자기파
지구
E

물체가 복사에 의해
열에너지를 방출하는 비율 P_{rad}은
$P_{rad}=\sigma\epsilon AT^4$
rad : radiation(복사)
여기서 σ는 스테판-볼츠만상수로 $\sigma=5.6703\times10^{-8}\ W/m^2k^4$, ϵ은 방출률로서 0~1 사이 값, A는 물체의 표면적, T는 그 면의 켈빈(절대)온도야.

방출률 ϵ이 1.0으로 최대인 물체를 흑체라고 해. 하지만 흑체는 이상적인 물체이고 자연 상태에서는 존재하지 않아.
숯검정이
흑체에 가까워.
열에너지 방출비율이
절대온도의 4승에 비례하니까,
절대영도(0 K)에서는
복사가 일어나지 않지만,

절대 영도 이상의 온도에서는
모든 물체가 열복사를 내지.
인체에서
복사되는 열을
열화상카메라로 촬영해서
건강상태를
진단하기도 해.
열화상카메라로 찍은 인체
온도가
높은 곳

물체가 주위로부터 열복사로 에너지를 흡수하는 비율 P_{abs}은 주위온도 T_{evr}가 균일하면
$P_{abs} = \sigma \epsilon A T_{evr}^4$
abs : absorption 흡수
evr : eviroment 환경
앞의 식과 같은 형태네.
이 식에서 ϵ는 흡수율인데 앞의 식의 방출률과 같아.
$\epsilon = 1$인 이상적인 흑체는 쪼여지는 모든 복사에너지를 흡수해. 한편 보통의 물체는 복사의 일부를 반사시키거나 산란시키지.
이와 같이 물체는 주위로부터 에너지를 흡수하면서 주위로 에너지를 내놓기도 하니까, 물체가 열복사를 통해서 에너지를 교환하는 알짜 비율 P_{net}는
$P_{net} = P_{abs} - P_{rad} = \sigma \epsilon A \left(T_{evr}^4 - T^4\right)$
P_{net}가 양의 값이면 에너지를 얻는 것이고 음의 값이면 잃는 거군요.
생물 중에는 열복사 감지기를 가지고 있는 것들이 있지.
먹이를 찾거나 생존에 사용한단다.
딱정벌레
뱀

퀴즈 1

실온(25°C)를 화씨온도와 절대온도로 나타내라.

답

섭씨를 화씨로 변환하는 공식은

$$T_F = \frac{9}{5}T_C + 32°$$

T_C에 25°를 넣으면 $T_F = \frac{9}{5}(25°) + 32° = 77\,°\mathrm{F}$

0°C는 273 K이므로 25 °C는 273 + 25 = 298 K

퀴즈 2

탱크로리가 열대지방에서 가솔린 10,000 l를 실고 온도가 60 K 낮은 시베리아에 도착했다. 줄어든 가솔린의 부피를 구하라. 단, 가솔린의 부피팽창계수는 9.70×10^{-4} /°C이고, 탱크의 선팽창계수는 11×10^{-6} /°C이다.

답

줄어든 가솔린의 부피 ΔV는

$$\begin{aligned}\Delta V &= V\beta\Delta T \\ &= (10000\ l)(9.70 \times 10^{-4}\ /°\mathrm{C})(-60\,\mathrm{K}) \\ &= -582\ l\end{aligned}$$

퀴즈 3

질량 $m_s = 85$ g인 은 덩어리를 330°C로 가열한 후, 물 250 g이 담긴 사발에 떨어뜨렸다. 사발의 열용량 $C_b = 55$ cal/K이고 물과 사발의 초기온도는 25°C이다. 은 덩어리와 사발, 물이 고립계를 이루고 물이 증발하지 않는다고 가정하여, 열평형을 이룬 계의 최종온도 T_f를 구하라. 단, 은의 비열 $C_s = 0.0564$ cal/g·K이고 물의 비열은 $C_w = 1.00$ cal/g·K이다.

답

고립계에서는 내부의 에너지 전달만 있다. 에너지 전달은 모두 열의 형태로 이루어진다. 은 덩어리는 에너지를 잃고, 물과 사발은 에너지를 얻는다.
상변화(물의 증발)가 일어나지 않으므로 변환열은 생각할 필요가 없고 온도변화만 생각하면 된다.
계의 총에너지는 변하지 않으므로 열에너지 전달의 총합은 영이다.

$$Q_s(\text{은}) + Q_w(\text{물}) + Q_b(\text{사발}) = 0$$

각각의 열에너지 전달(방출하거나 흡수하는 열)은

은(방출) $Q_s = c_s m_s (T_f - T_{is})$

물(흡수) $Q_w = c_w m_w (T_f - T_{iw})$

사발(흡수) $Q_b = C_{bs} (T_f - T_{ib})$

비열과 질량이 주어졌으므로

열용량으로 주어졌으므로

여기서 T_f는 최종온도인데 시간이 지나면 결국에는 같아질 테니까 (영평형) 같이 놨다.

T_{is}는 은의 초기온도(330°C)이고,

T_{iw}는 물의 초기온도 (25°C)이며

T_{ib}는 사발의 초기온도 (25°C)이다.

따라서

$$Q_s + Q_w + Q_b = c_s m_s (T_f - T_{is}) + c_w m_w (T_f - T_{iw}) + C_b (T_f - T_{ib}) = 0$$

그러므로

$$T_f = \frac{c_s m_s T_{is} + c_w m_w T_{iw} + C_b T_{ib}}{c_s m_s + c_w m_w + C_b}$$

여기에 주어진 값들을 대입하면 분자는

$$(0.0564\ \mathrm{cal/g \cdot k})(85\ \mathrm{g})(330\ ℃) + (1.00\ \mathrm{cal/g \cdot k})(250\ \mathrm{g})(25\ ℃) + (55\ \mathrm{cal/k})(25\ ℃) \approx 9210\ \mathrm{cal}$$

분모는

$$(0.0564\ \mathrm{cal/g \cdot k})(85\ \mathrm{g}) + (1.00\ \mathrm{cal/g \cdot k})(250\ \mathrm{g}) + (55\ \mathrm{cal/k}) \approx 310\ \mathrm{cal/℃}$$

따라서

$$T_f = \frac{9210\ \mathrm{cal}}{310\ \mathrm{cal/℃}} \approx 30\ ℃$$

퀴즈 4

질량 $m=1.0\,\text{kg}$이고 $-15\,℃$인 얼음이 $25\,℃$의 물로 바뀌는 데 필요한 열을 구하라. 단, 얼음 $(-15\,℃)$의 비열은 $2220\,\text{J/kg·k}$이고 물의 비열은 $4190\,\text{J/kg·k}$이며, 물의 융해열은 $333\,\text{kJ/kg}$이다.

답

1) $-15\,℃$의 얼음이 $0\,℃$의 얼음이 되기 위해 흡수해야 하는 열은

$$\begin{aligned} Q_1 &= c_{ice}m(T_f - T_i) \\ &= (2220\,\text{J/kg·k})(1.0\,\text{kg})(0\,℃ - (-15\,℃)) \\ &= 33300\,\text{J} = 33\,\text{kJ} \end{aligned}$$

2) $0\,℃$의 얼음이 $0\,℃$의 물로 상변화하는 데 필요한 변환열은

$$Q_2 = L_f m = (333\,\text{kJ/kg})(1.0\,\text{kg}) = 333\,\text{kJ}$$

3) $0\,℃$의 물이 $25\,℃$의 물이 되는 데 필요한 열은

$$\begin{aligned} Q_3 &= c_w m(T_f - T_i) \\ &= (4190\,\text{J/kg·k})(1.0\,\text{kg})(25\,℃ - 0\,℃) \\ &\approx 105000\,\text{J} = 105\,\text{kJ} \end{aligned}$$

따라서

$$\begin{aligned} Q_1 + Q_2 + Q_3 &= 33\,\text{kJ} + 333\,\text{kJ} + 105\,\text{kJ} \\ &\approx 470\,\text{kJ} \end{aligned}$$

퀴즈 5

질량 $m = 18.0$ g인 100 ℃의 물이 1기압 (1.00 atm)에서 100 ℃의 수증기가 되었다. 물의 초기 부피는 1.00 ml이었고 수증기의 부피의 부피는 22.4 l이었다.

1기압 1.00 atm $= 1.01 \times 10^5$ pa이며, 1 ml $= 10^{-6}$ m^3, 1 $l = 10^{-3}$ m^{3}이다.

물의 증발열 $L_v = 2256$ kJ/kg이다.

(a) 물-수증기 계가 환일을 구하라.

(b) 외부에서 가해진 열에너지를 구하라.

(c) 계의 내부에너지 변화량을 구하라.

답

(a) 계가 한 일은

$$W = \int_{V_i}^{V_f} p\,dV$$

$$= p\int_{V_i}^{V_f} dV$$

$$= p[V]_{V_i}^{V_f} = p(V_f - V_i)$$

$$= (1.01\times10^5\ \text{pa})(\underbrace{22.4\times10^{-3}\ \text{m}^3}_{\text{수증기의 부피}} - \underbrace{10^{-6}\ \text{m}^3}_{\text{물의 부피}})$$

$$\approx 22.7\times10^2\ \text{J}$$

압력 p가
1기압으로 일정하므로
적분 밖으로 나옴

(b) 물이 액체에서 기체로 상변화 되었으므로 물의 융해열을 이용하여 열에너지를 구하면

$$Q = L_v m = (2256\ \text{kJ/kg})(18.0\times10^{-3}\ \text{kg})$$

$$\approx 40.6\ \text{kJ}$$

(c) 열역학 제1법칙에 의하면 내부에너지 변화량은

$$\Delta E_{\text{int}} = Q - W = 40.6\ \text{kJ} - 22.7\times10^{-2}\ \text{J}$$

$$\approx 38.3\ \text{kJ}$$

퀴즈 6

벽돌 벽의 안쪽에 단열재인 스티로폼 판을 부착한 벽으로 된 집의 방 안 온도는 $T_H = 24℃$ 이고 바깥 온도는 $T_C = -8℃$ 이었다. 스티로폼판과 벽돌 벽의 두께는 각각 L_2와 $3.0\,L_2$이다. 스티로폼과 벽돌 벽의 열전도도는 각각 k_2와 $6.0\,k_2$이다. 스티로폼판과 벽돌 벽의 경계면의 온도 T_x를 구하라.

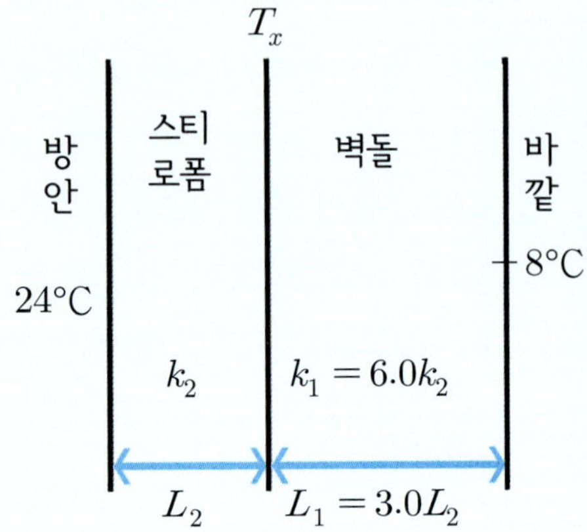

답

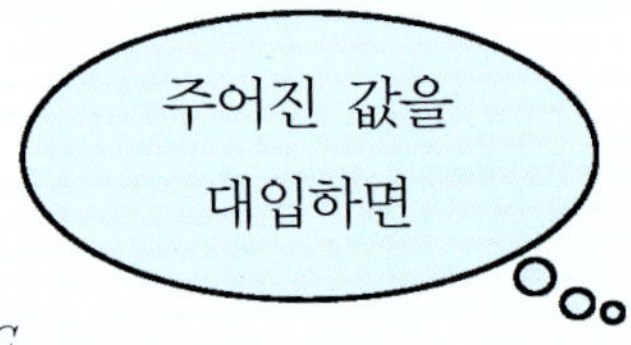

경계면의 온도 T_x는

$$T_x = \frac{k_2 L_1 T_H + k_1 L_2 T_C}{k_2 L_1 + k_1 L_2}$$

$$= \frac{k_2(3.0\,L_2)(24℃) + (6.0\,k_2)L_2(-8℃)}{k_2(3.0\,L_2) + (6.0\,k_2)\,L_2}$$

$$= \frac{(3.0)(24℃) + (6.0)(-8℃)}{3.0 + 6.0}$$

$$\approx 2.7℃$$

7. 기체운동론

아보가드로 수
자동차는 기체의 힘으로 달린다는 거 알지?
네. 연료를 태워서 기체를 만들고 이 기체가 피스톤을 미는 힘이 바퀴에 전달되어서 움직이죠.
펑
내연기관

기체의 거동은 열역학의 주요 주제 중의 하나야.
기체는 용기의 부피를 채우고 용기의 벽에 압력을 가하는 원자들로 이루어져 있어. 또 기체에 온도를 지정할 수도 있지.
부피, 압력, 온도

기체에 관련된 이 세 가지 변수, 즉, 부피, 압력, 온도는 모두 기체 원자들이 운동하기 때문에 나타나는 거죠.
원자들의 운동을 기체의 부피, 압력, 온도와 연결시키는 것이 기체운동론이야.
온도는 운동에너지 때문.
압력

원자와 분자를 다룰 때는 시료의 크기를 mol(몰) 단위로 재는 것이 좋아.
왜냐하면 1 mol 속에는 같은 수의 원자나 분자가 들어 있기 때문이야.
mol은 mole의 줄인 기호
1 mol
1 mol은 12 g의 탄소에 들어 있는 원자의 수
양성자
중성자
탄소핵
보통의 탄소의 질량수 (양성자 수+중성자 수)는 12이므로 ¹²C 라고도 나타내지.(탄소 12 라고 읽음)
실험에 의하면 탄소 1 mol(12 g)에 들어 있는 원자 수는 $N_A = 6.02 \times 10^{23}\ mol^{-1}$ 이고, 이것을 아보가드로 수 라고 하지.
아보가드로는 같은 온도와 압력하에서 같은 부피를 갖는 모든 기체는 같은 수의 원자나 분자를 가진다는 제안으로부터 아보가드로 수를 이끌어냈어.
예를 들어 표준상태 (0 ℃, 1 기압)에서는 산소 1 mol과 질소 1 mol의 부피는 모두 22.4 l인데, 이 1 mol 속에 들어 있는 산소분자 수와 질소분자 수는 동일하게 아보가드로 수만큼이지.

따라서 어떤 물질의 시료의 몰 수 n은 시료에 들어 있는 분자 수 N과 1 mol의 분자 수 N_A(아보가드로 수)의 비율이지.
$n = \frac{N}{N_A}$
n : 몰수
또, 시료의 질량 M_{sam}이 주어지면 이 물질의 1 mol당 질량(몰질량) M으로 나누면 몰수 n을 얻을 수 있어.
$n = \frac{M_{\text{sam}}}{M}$
sam : sample 시료

그리고 시료의 질량 M_{sam}이 주어지고, 이 물질의 분자 1개당 질량(분자 질량) m이 주어지면 몰수 n은
$n = \frac{M_{\text{sam}}}{mN_A}$
몰질량
그러므로 어떤 물질의 몰질량 (1 mol당 질량) M은 분자 질량(분자 1개당 질량) m에 아보가드로 수 N_A를 곱한 거지.
$M = mN_A$
1 mol에는 분자가 아보가드로 수만큼 들어 있으니까.

이상기체
이상기체란 밀도가 충분히 낮아서, 즉 기체 분자들이 충분히 멀리 떨어져 있어서 상호작용을 하지 않는 기체를 말해.
보통의 기체도 밀도가 충분히 낮으면 이상기체와 같이 거동한다고 봐도 무방하지.

이상기체는 다음의 방정식을 따라서 거동해.
$pV = nRT$
p : 절대압력(계기압력이 아님)
V : 기체의 부피
n : 기체의 몰 수
T : 절대온도
R : 기체상수 $= 8.31\ \text{J/mol·k}$
압력, 부피, 온도와 같은 기체의 거시적인 특성을 기체 분자들의 운동으로 설명한 식이지.
이 식을 이상기체 법칙이라고 해. 기체의 밀도가 낮으면 모든 종류의 단일기체나 혼합기체에 관해서 성립하지.
기체 상수 R은 볼츠만 상수 k와 다음과 같은 관계가 있어.
$k = \frac{R}{N_A} = \frac{8.31\ \text{J/mol·k}}{6.02 \times 10^{23}\ \text{mol}^{-1}} = 1.38 \times 10^{-23}\ \text{J/k}$
따라서 $R = kN_A$이므로 위 식은 $pV = nkN_AT$ 라고도 쓸 수 있고,
앞에서 몰 수 $n = \frac{N}{N_A}$이었으니까 대입하면 $pV = \frac{N}{N_A}kN_AT = NkT$
$pV = NkT$
라고도 쓸 수 있지.
N : 시료 중의 분자 수

자, 이제 온도가 일정할 때 이상기체가 한 일을 구해 보자.
온도 T=일정
피스톤
이상기체
피스톤 원통 장치에 이상기체를 넣고, 기체의 온도 T를 일정하게 유지하면서
초기부피 V_i에서 최종부피 V_f까지 기체를 팽창시켜봐.
이 과정을 등온팽창이라고 해. 반대과정은 등온압축이지.
압력−부피 ($p-V$) 그림으로 그리면 등온곡선은 온도가 같은 점들을 연결한 곡선이야.
p
i
f
$T=320k$
$T=310k$
$T=300k$
V
n mol의 이상기체에 대한 등온곡선의 방정식은 앞의 이상기체 법칙 $pV=nRT$로부터 $p=nRT\frac{1}{V}$ 가 되겠군요.
따라서 쌍곡선
위의 $p-V$ 그림은 서로 다른 온도에서의 세 등온곡선이지. 이제 맨 위의 곡선 ($T=320\ k$)에서 상태 i에서 상태 f로 등온팽창하는 경우에 이상기체가 한 일을 계산해 봐요.
부피는 $V_i \rightarrow V_f$

앞에서 어떤 기체의 부피가 변화하는 동안 기체가 한 일은 $W=\int_{V_i}^{V_f} p\,dV$ 로 주어졌지?
여기에 $pV=nRT,\ p=nRT\frac{1}{V}$ 을 대입하면 $W=\int_{V_i}^{V_f}\frac{nRT}{V}dV$
온도 T, 몰수 n, 기체 상수 R은 상수이므로 적분기호 밖으로 빼면 $W=nRT\int_{V_i}^{V_f}\frac{dV}{V}$ $=nRT[\ln V]_{V_i}^{V_f}$
분모 (V)를 미분한 것이 분자 (dV)에 있으면 ln(분모= V)
ln은 밑이 e인 자연로그
$=nRT[\ln V_f-\ln V_i]$ $W=nRT\ln\frac{V_f}{V_i}$ 여기서 기체가 팽창하니까 $V_f>V_i\rightarrow V_f/V_i>1$ $\rightarrow\ln\frac{V_f}{V_i}>0$
그러므로 등온팽창 동안에 한 일 $W>0$
예상한 대로네.
반대로 압축되면 $W<0$
이것도 예상대로!

이번에는 부피가 일정한 등적과정 동안에 이상기체가 한 일을 구해봐.
앞의 식 $W=\int_{V_i}^{V_f} p\,dV$ 로 돌아가서, 부피가 일정하니까 $V_f=V_i$
적분 하한과 적분 상한이 같으니까, 적분 값은 영, 즉 $W=0$
마지막으로 압력이 일정한 등압과정 동안에 이상기체가 한 일을 구해 봐라.
이때 부피는 변해.
앞의 식 $W=\int_{V_i}^{V_f} p\,dV$ 로 돌아가서, 압력 p가 일정하니까 상수 → 적분기호 밖으로 나와서
짠
$W=p\int_{V_i}^{V_f} dV$
$=p[V]_{V_i}^{V_f}$
$=p(V_f-V_i)$
$=p\Delta V$

평균속도
한 변의 길이가 L인 정육면체 상자 속에
y x z L m $\vec{v}$
n mol의 이상기체가 들어 있고 상자의 벽들은 같은 온도 T로 유지된다고 하자. 이때 기체가 상자 벽에 가하는 압력 p와 분자의 속력 사이의 관계를 구해보자.
상자 안의 기체 분자들은 제 각각의 속력으로 사방으로 움직이며 서로 부딪치거나 상자 벽에 부딪혀 튕겨 나오겠네요.
여기서는 분자들끼리의 충돌은 무시하고 분자와 벽의 탄성충돌만을 생각해 보자꾸나.
위 그림에서와 같이 질량 m, 속도 $\vec{v}$인 한 분자가 빗금 친 벽면에 충돌할 때를 생각해봐.
분자와 벽의 충돌을 탄성충돌이라고 가정했으니까 분자가 빗금 칠한 벽에 충돌할 때 x성분만 변하고, 방향이 정반대로 바뀌겠네요. 즉 입자의 선운동량 변화는 x방향으로만 있고 그 변화량은
$\Delta p_x = (-mv_x) - (mv_x) = -2mv_x$
충돌 후 선운동량
충돌 전 선운동량

따라서 충돌하는 동안 분자에 의해 벽에 전달되는 선운동량 $\Delta p_x = +2mv_x$ 네요.
기체분자의 선운동량 변화량이 $-2mv_x$ 이었으니까 벽에 전달되는 선운동량은 반대가 되어서 $+2mv_x$
기체분자는 빗금 친 벽을 계속해서 반복적으로 때리겠지?
쿵
쿵!
반복되는 충돌 사이의 시간간격 Δt 는 속력 v_x 의 분자가 반대쪽 벽까지 갔다가 돌아오는 데 걸리는 시간이 되잖아.
길이는 $2L$
따라서 $\Delta t = 2L/v_x$
여기서 분자가 다른 벽들에 부딪치더라도 그 벽들은 x축과 수직이므로 v_x 를 바꿀 수 없음.
그러므로 분자 하나가 빗금 친 벽에 전달하는 평균단위시간당 선운동량은 $\frac{\Delta p_x}{\Delta t} = \frac{2mv_x}{2L/v_x} = \frac{mv_x^2}{L}$
뉴턴의 제2법칙을 운동량으로 표시하면 $\vec{F} = d\vec{p}/dt$ 그러니까 이것이 벽에 작용하는 힘이야.

모든 분자가 각각의 속력으로 벽을 때리는 전체 힘 F_x를 구하려면 다 더하면 되지.
$F_x = \frac{m{v_{x_1}}^2}{L} + \frac{m{v_{x_2}}^2}{L} + \cdots + \frac{m{v_{x_N}}^2}{L}$
N은 상자 안에 있는 분자 수
이 전체 힘 F_x를 벽의 면적 L^2으로 나누면 벽에 작용하는 압력 p가 되겠네요.
$p = \frac{m{v_{x_1}}^2/L + m{v_{x_2}}^2/L + \cdots + m{v_{x_N}}^2/L}{L^2}$
압력도 p, 운동량도 p로 나타낸 것에 주의
따라서
$p = \left(\frac{m}{L^3}\right)({v_{x_1}}^2 + {v_{x_2}}^2 + \cdots + {v_{x_N}}^2)$
여기서 상자 안의 분자 수 N은
$N = nN_A$
상자 안에 n mol의 분자가 들어 있고 분자 1 mol 속에는 아보가드로 수 N_A만큼의 분자가 있으니까.
그러니까 위 식의 두 번째 괄호 안에는 nN_A개의 항이 있는 거지.
아보가드로 수 $N_A = 6.02 \times 10^{23}$이니까, 무지하게 많은 수의 분자에 대해 생각해야 되네.
그래서 분자 하나하나의 속력을 다 생각할 수 없으니까 평균속력을 생각하는 거야. 그런데 그냥 평균이 아니라 속도의 제곱의 평균을 생각해서 $(v_x^2)_{avg}$라고 하자.

앞의 식 압력
$p=\frac{m}{L^3}(v_{x1}^2+v_{x2}^2+\cdots+v_{xN}^2)$
에서
$v_{x1}^2+v_{x2}^2+\cdots+v_{xN}^2$
을 $nN_A(v_x^2)_{avg}$로 바꾸면
→ 분자가 nN_A개 있고 각 분자의 속력의 평균이 $(v_x{}^2)_{avg}$니
$p=\frac{nmN_A}{L^3}(v_x^2)_{avg}$
여기서 mN_A는 기체 분자 1개의 질량 m 곱하기 1 mol 속의 분자 수이므로 몰질량 M(기체 1 mol의 질량)이므로 대입하면
$mN_A=M$
또 $L_3=V$(부피)
$p=\frac{nM}{V}(v_x^2)_{avg}$.
그런데 어떤 분자에 대해서도
$v^2=v_x^2+v_y^2+v_z^2$
이지.
또, 많은 분자들이 모두 제 각각의 방향으로 움직이므로 각 속도 성분의 제곱의 평균값은 모두 같아서
$v_x^2=\frac{1}{3}v^2$
$v_x^2=v_y^2=v_z^2$
$v^2=v_x^2+v_x^2+v_x^2=3v_x{}^2$
(즉 $v^2=v_x{}^2+v_x{}^2+v_x{}^2=3v_x{}^2$)
대입하면
$p=\frac{nM}{3V}(v^2)_{avg}$
여기서 $(v^2)_{avg}$의 제곱근, 즉 $\sqrt{(v^2)_{avg}}$를 제곱평균 제곱근(rms) 속력이라고 불러.
rms : root mean sguare

제곱평균제곱근 속력을 v_{rms}라고 나타내면, $\sqrt{(v^2)_{avg}} = v_{rms}$ 이것을 앞의 식에 대입하면
$p = \frac{nM}{3V} v_{rms}^2$ 이 되는 거야.
제곱평균제곱근 속력 v_{rms}(브이알엠에스)를 쓰는 이유는 뭐예요?
만약에 (−)속도 (반대 방향)도 포함해서 그냥 평균속도를 구하면 속도가 커도 평균값이 작아질 수도 있잖아.
그건 속도로 생각하면 속도는 벡터니까 (−)도 있겠지?
예를 들면 $v_{avg} = \frac{v_1 - v_2 + v_3 - v_4}{4}$
그런데 속도를 제곱하면 모두 (+)의 값이 되고 이것에 제곱근 ($\sqrt{\quad}$)를 취해서 평균을 구하면 속도의 절댓값의 평균이 되니까. 이와 같은 일은 일어나지 않는 거야.
위의 압력 p에 관한 식은 거시적인 기체의 압력이 미시적인 기체 분자들의 속력에 의해 어떻게 결정되는지를 알려주는 식이지.

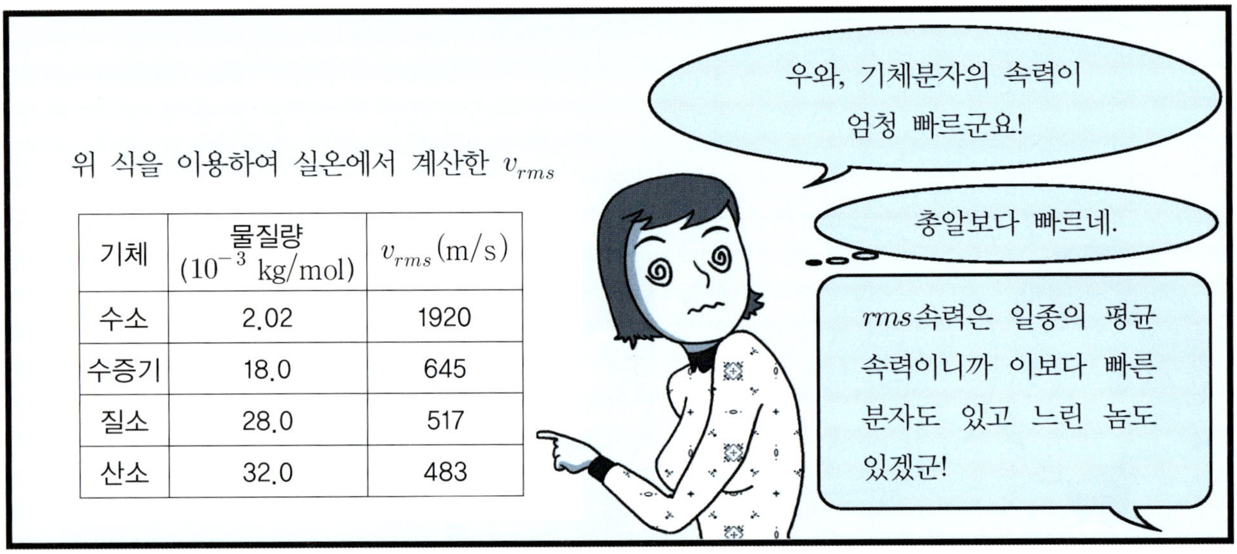

위 식을 이용하여 실온에서 계산한 v_{rms}

기체	물질량 (10^{-3} kg/mol)	v_{rms}(m/s)
수소	2.02	1920
수증기	18.0	645
질소	28.0	517
산소	32.0	483

평균운동에너지
이상기체 분자 하나의 운동에너지는 $K=\frac{1}{2}mv^2$ 이므로
평균 운동에너지는 $K_{avg}=\left(\frac{1}{2}mv^2\right)_{avg} = \frac{1}{2}m(v^2)_{avg} = \frac{1}{2}m{v_{rms}}^2$

이것을 평균 병진운동에너지라고 해. 병진이라는 말을 넣은 이유는 기체분자가 상하좌우로 움직이는 것(병진)만 생각하고, 회전하는 것은 생각하지 않았을 때의 운동에너지라는 말이야.
병진
회전(고려 안함)
기체분자가 용기 벽뿐만 아니라 다른 분자와 충돌해서 속력이 변한 것을 고려해도 평균 병진운동에너지는 위 식으로 나타낼 수 있지.

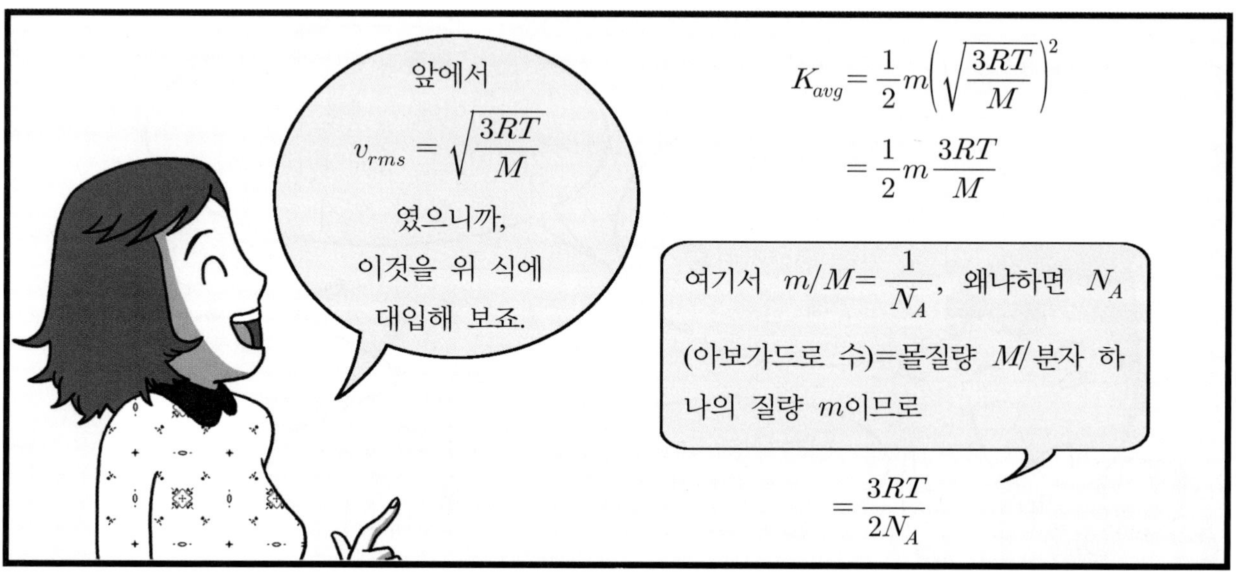
앞에서 $v_{rms}=\sqrt{\frac{3RT}{M}}$ 였으니까, 이것을 위 식에 대입해 보죠.
$K_{avg}=\frac{1}{2}m\left(\sqrt{\frac{3RT}{M}}\right)^2 = \frac{1}{2}m\frac{3RT}{M}$
여기서 $m/M=\frac{1}{N_A}$, 왜냐하면 N_A(아보가드로 수)=몰질량 M/분자 하나의 질량 m이므로
$=\frac{3RT}{2N_A}$

그런데 앞에서 $\frac{R}{N_A}=k$ 대입하면
$K_{avg}=\frac{3}{2}kT$
R : 기체 상수
k : 볼츠만 상수
깜짝 놀랄 일 아니니?
뭐가요?
이 식에 기체분자의 질량이 포함되어 있지 않잖아! 즉, 운동에너지가 온도 T에 의해서만 결정된다는 거지!
기체의 온도를 측정하면 기체 분자들의 평균 병진운동에너지를 알 수 있군요. 또 주어진 온도 T에서 모든 이상기체분자는 질량에 관계없이 $\frac{3}{2}kT$라는 동일한 평균 병진운동에너지를 갖는군요.
평균자유행정
기체분자가 다른 분자와 충돌하지 않고 갈 수 있는 평균거리를 말해.
충돌과 충돌 사이에 기체분자가 가로지르는 평균거리라고도 할 수 있지.
평균자유거리라고도 하지.
기체분자

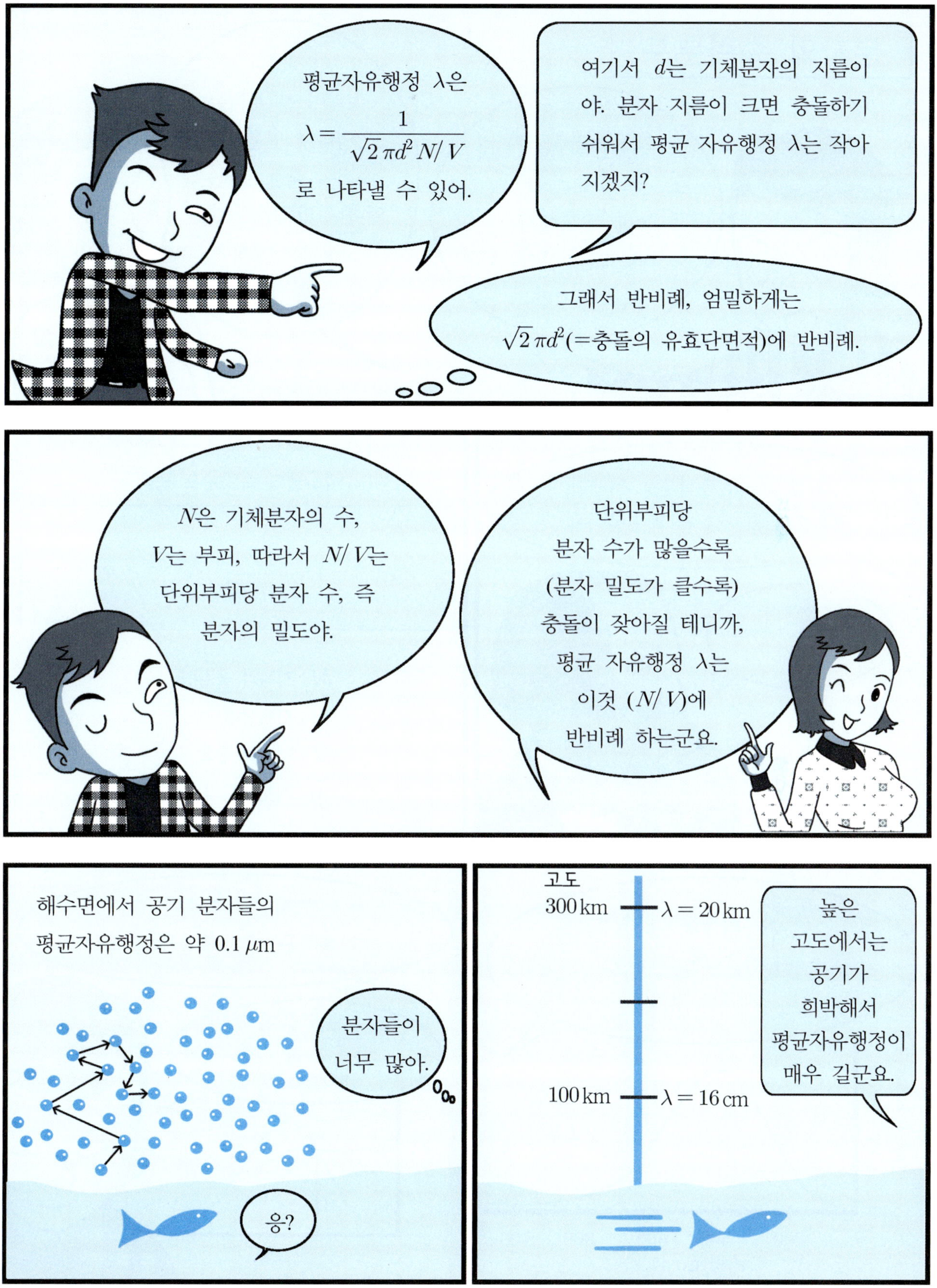
평균자유행정 λ은
$\lambda = \frac{1}{\sqrt{2}\,\pi d^2 N/V}$
로 나타낼 수 있어.
여기서 d는 기체분자의 지름이야. 분자 지름이 크면 충돌하기 쉬워서 평균 자유행정 λ는 작아지겠지?
그래서 반비례, 엄밀하게는
$\sqrt{2}\,\pi d^2$(=충돌의 유효단면적)에 반비례.
N은 기체분자의 수, V는 부피, 따라서 N/V는 단위부피당 분자 수, 즉 분자의 밀도야.
단위부피당 분자 수가 많을수록 (분자 밀도가 클수록) 충돌이 잦아질 테니까, 평균 자유행정 λ는 이것 (N/V)에 반비례 하는군요.
해수면에서 공기 분자들의 평균자유행정은 약 0.1 μm
분자들이 너무 많아.
응?
고도
300 km
$\lambda = 20$ km
100 km
$\lambda = 16$ cm
높은 고도에서는 공기가 희박해서 평균자유행정이 매우 길군요.

분자의 속력분포
제곱평균제곱근 속력 v_{rms}는 어떤 온도에서 대략적인 속력을 알려주지만
이것보다 속력이 큰 분자는 얼마나 있을까? 속력이 작은 분자는 얼마나 있을까에 대한 정보는 주지 않지?
기체분자들의 속력분포 문제를 처음으로 푼 사람은 맥스웰이야.
1852년의 일이지.
스코틀랜드 물리학자 Maxwell
맥스웰의 속력분포 법칙
$$P(v) = 4\pi\left(\frac{M}{2\pi RT}\right)^{\frac{3}{2}} v^2 e^{-Mv^2}/2RT$$
M : 기체의 몰질량
R : 기체상수
T : 기체의 온도
v : 기체분자의 속력
$P(v)$는 확률분포함수야. 위 식을 $P(v)-v$의 그래프로 그리면
$P(v)(10^{-3}$s/m)
2
1
0
200
400
600
800
100
속력(m/s)
$T=300$K
산소분자
확률분포 함수란 그 속력을 가질 확률을 말해.
예를 들어 속력 v_1을 가질 확률은 P_1
P_1
v_1

확률분포함수 곡선 아래의 전체 면적은 속력이 0에서 무한대까지의 모든 분자들에 대한 확률을 모두 더 한거니까 1이 되어야 해.
확률은 최대 1이니까.
$P(v)$
$\int_0^\infty P(v)dv = 1$
v
또, 속력이 v_1과 v_2 사이에 있는 분자들의 비율은 그래프로 나타내면
이면적이 되고
$P(v)$
v_1 v_2 v
식으로 나타내면 $\int_{v_1}^{v_2} P(v)dv$ 가 되지.
맥스웰의 속력분포법칙식을 이용해서 제곱평균 제곱근 속력 v_{rms}를 구해 봐라.
속력제곱의 평균 $(v_2)_{avg}$를 구한 다음 $\sqrt{\ }$ (제곱근)을 씌워주면 되겠군요.
$v_{rms} = \sqrt{(v^2)_{avg}}$

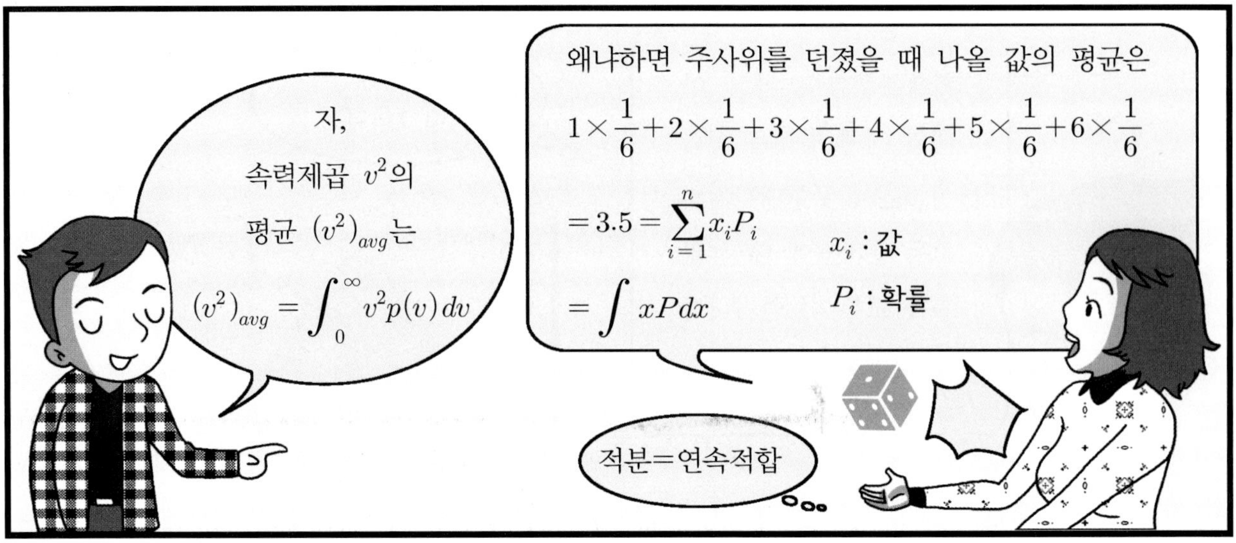
자, 속력제곱 v^2의 평균 $(v^2)_{avg}$는 $(v^2)_{avg}=\int_0^\infty v^2 p(v)\,dv$
왜냐하면 주사위를 던졌을 때 나올 값의 평균은 $1\times\frac{1}{6}+2\times\frac{1}{6}+3\times\frac{1}{6}+4\times\frac{1}{6}+5\times\frac{1}{6}+6\times\frac{1}{6}$ $=3.5=\sum_{i=1}^{n}x_iP_i$ $=\int xPdx$
x_i : 값
P_i : 확률
적분=연속적합

이 식에 $P(v)=4\pi\left(\frac{M}{2\pi RT}\right)^{\frac{3}{2}}v^2e^{-Mv^2/2RT}$ 를 대입해서 적분하면 $(v^2)_{avg}=\frac{3RT}{M}$
계산 생략
이것에 $\sqrt{\ }$를 취하면 $v_{avg}=\sqrt{(v^2)_{avg}}$ $=\sqrt{\frac{3RT}{M}}$
어! 앞에서 구한거랑 똑같네!

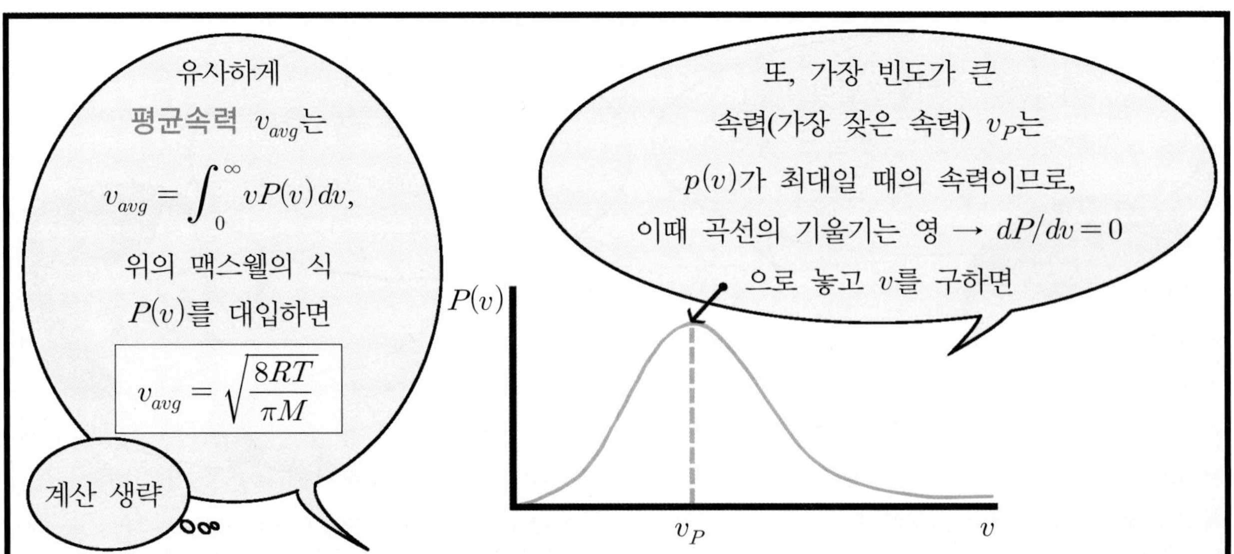
유사하게 평균속력 v_{avg}는 $v_{avg}=\int_0^\infty vP(v)\,dv$, 위의 맥스웰의 식 $P(v)$를 대입하면 $v_{avg}=\sqrt{\frac{8RT}{\pi M}}$
계산 생략
또, 가장 빈도가 큰 속력(가장 잦은 속력) v_P는 $p(v)$가 최대일 때의 속력이므로, 이때 곡선의 기울기는 영 → $dP/dv=0$ 으로 놓고 v를 구하면
$P(v)$
v_P
v

$v_P = \sqrt{\frac{2RT}{M}}$
이 세 가지 속력
v_{rms} : 제곱평균제곱근 속력
v_{avg} : 평균속력
v_P : 가장 잦은 속력
을 그래프에 나타내면
$p(v)$
v_P
v_{avg}
v_{rms}
v
또, 온도가 변하면 속력 분포도 달라져.
$T = 80\,K$
온도↓ : 분포↓
$p(v)$
$T = 300\,K$
v
어떤 온도에서 기체분자는 v_P의 속력을 가질 확률이 가장 높지만, 위의 분포 곡선에 고속 꼬리 부분이 있는 것으로부터 알 수 있듯이 속력이 매우 큰 분자들도 있어.
가끔은 이 숫자가 적은 고속분자들이 큰 역할을 하기도 해.

예를 들어
연못 속의 물분자들의 속력 분포는
위의 맥스웰 분포를 따르지.
대부분의 물분자들은
운동에너지가 낮아서 표면을
통해서 물 밖으로 빠져
나가지 못해.
그러나 소수의 분자들은
분포곡선의 고속꼬리에 해당하는
높은 속력을 가지고 있어서
물 표면을 빠져 나가서
구름과 비를 만들지.
그리고
어떤 충돌로 생겨나는
또 다른 고속의 분자들이
떠난 분자들의 자리를
재빠르게 채워서
아싸
물분자들의
속력분포는 그대로
유지되는 거야.

기체의 내부에너지
기체는 내부의 원자나 분자들이 제멋대로 운동을 하고 있기 때문에 내부에너지를 갖는단다.
간단히 하기 위해서 이상기체가 단원자 기체라고 가정하자.
헬륨(He), 네온(Ne), 아르곤(Ar) 등은 단원자 기체.
또, 이상기체의 내부에너지는 단순히 원자들의 병진운동에너지의 합이라고 가정하자구나.
병진운동=상하좌우를 움직이는 운동
회전운동도 고려하면 복잡해지니까
앞에서 단일원자의 평균병진운동에너지는 $K_{avg} = \frac{3}{2}kT$ 이었지?
기체의 온도 T에만 의존
기체가 n mol있다면 그 속에는 nN_A개의 원자들이 들어 있으니까, 기체의 내부에너지 E_{int}는 이것들의 운동에너지를 다 더한
$E_{int} = (nN_A)K_{avg} = (nN_A)\left(\frac{3}{2}kT\right)$
N_A : 아보가드로 수

그런데 앞에서 $k=R/N_A$이므로 대입하면
k : 볼츠만 상수 R : 기체 상수
$E_{int}=(nN_A)\left(\frac{3}{2}\cdot\frac{RT}{N_A}\right)$
따라서 $E_{int}=\frac{3}{2}nRT$
이상기체의 내부에너지는 기체의 온도에만 의존하는군요.
기체의 몰비열
기체의 비열에는 부피가 일정하게 유지될 때의 등적비열과 압력이 일정하게 유지될 때의 등압비열이 있어.
1) 등적 몰비열
그림과 같이 고정판에 의해 기체의 부피가 일정하게 유지될 때를 생각해 보자.
고정판
Q
이상기체의 압력을 p, 온도를 T, 부피를 V 그리고 $n$mol의 기체가 들어 있다고 생각하자꾸나.
아래 있는 열저장고로부터 기체에 작은 양의 열에너지를 서서히 가하면 어떻게 되겠니?

기체의 온도가 T에서 $T+\Delta T$로 올라가고, 압력은 p에서 $p+\Delta p$로 올라가겠죠!
이 과정을 그래프로 그려봐라.
음, 초기상태 i에서 부피가 일정하게 유지되면서 최종상태 f가 되겠네요.
압력
$p+\Delta p$
p
f
i
$T+\Delta T$
T
V
부피
이때 기체에 가해진 열 Q는 기체의 온도변화 ΔT와 $Q=nC_v\Delta T$ 의 관계가 있단다.
C_v : 등적 몰비열 (상수) n : 몰수
앞에서 배운 열역학 제1법칙 $\Delta E_{int}=Q-W$ 에 이 식을 대입하면 $\Delta E_{int}=nC_v\Delta T-W$
그런데 기체의 부피가 일정하게 유지되어 기체가 일 W를 할 수 없으므로 $W=0$이다. 대입하면 $\Delta E_{int}=nC_v\Delta T$ 따라서 $C_v=\dfrac{\Delta E_{int}}{n\Delta T}$ … (*)
앞에서 내부에너지 $E_{int}=\dfrac{3}{2}nRT$ 였으니까, ΔT만큼 온도가 변할 때의 내부에너지 변화 $\Delta E_{int}=\dfrac{3}{2}nR\Delta T$ 이것을 (*)식에 대입하면 $C_v=\dfrac{\frac{3}{2}nR\Delta T}{n\Delta T}=\dfrac{3}{2}R$

몇몇 기체의 등적 몰비열

형태	기체		C_v(J/mol·k)
단원자	이상기체		$\frac{3}{2}R = 12.5$
	실제기체	He	12.5
		Ar	12.6
이원자	이상기체		$\frac{5}{2}R = 20.8$
	실제기체	N_2	20.7
		O_2	20.8
다원자	이상기체		$3R = 24.9$
	실제기체	NH_4	29.0
		CO_2	29.7

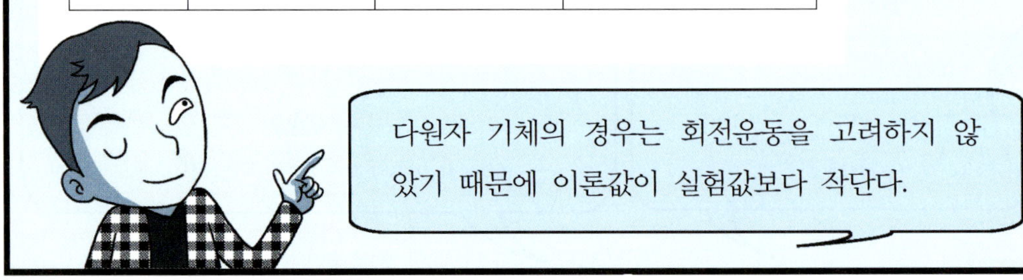

앞에서 내부에너지 $E_{int} = \frac{3}{2}nRT$ 였는데, 등적비열 $C_v = \frac{3}{2}R$ 이니까, 대입하면
$E_{int} = nC_vT$ 또 온도가 ΔT만큼 변했을 때의 내부에너지 변화 $\Delta E_{int} = nC_v\Delta T$
이 식은 단원자뿐만 아니라 실험에서 얻은 C_v값을 사용하면, 이원자나 다원자분자의 기체에도 적용할 수 있어.
이 식이 의미하는 것은 갇혀 있는(부피가 일정한, 등적) 이상기체의 내부에너지 변화는 기체의 온도에만 의존하고, 온도를 변화시키는 과정과는 무관하다.
이 말을 그래프로 그려 보아라.
압력
부피
f
f
1
2
i
$T+\Delta T$
T
1번 과정은 등적과정이고 2번 과정은 등압과정으로 과정은 다르지만 둘 다 초기상태 i에서 최종상태 f가 되었을 때 온도변화는 ΔT로 같으니까 1번과 2번 과정의 내부에너지 변화 ΔE_{int}는 같다는 거군요!

2) 등압 몰비열
이번에는 열에너지 Q를 가해서 이상기체의 온도를 작은 양 ΔT만큼 올리되,
W
Q
피스톤
피스톤이 고정되어 있지 않아서 일정한 압력이 유지되는 경우에 대해 생각해 보자.
기체부피 팽창 → 피스톤 ↑
이 경우에 열 Q는 온도변화 ΔT와 다음의 관계가 있어. $Q = nC_p\Delta T$
C_p를 등압몰비열이라고 해.
C_p는 상수
등압 몰비열 C_P는 등적 몰비열 C_v보다 크겠니? 작겠니?
크겠죠. 왜냐하면 등압의 경우에는 기체의 온도를 올리는 것뿐만 아니라 기체가 피스톤을 올리며 일(W)을 하기 위해서도 에너지가 공급되어야 하니까요.
$C_p > C_v$
등압과정을 그래프로 나타내봐.
압력
i
f
$p\Delta V$
$T+\Delta T$
T
V
$V+\Delta V$
부피
흰색 부분이 기체가 한 일

이번에는 열역학 제1법칙 $\Delta E_{int} = Q - W$ 를 이용해서 등압 몰비열 C_p와 등적 몰비열 C_v의 관계를 구해봐라.
이상기체에 열Q를 가했을 때 내부에너지의 변화 ΔE_{int}는 기체분자의 운동에너지의 증가와 같으니까 앞의 등적 몰비열에서 배운 것 같이 $\Delta E_{int} = nC_v\Delta T$
또 가해진 열 Q는 등압 몰비열에서 배운 것 같이 $Q = nC_p\Delta T$
등압인 경우는 열이 기체분자의 운동에너지뿐만 아니라 피스톤을 밀어 올리는 일도 함.
그리고 기체가 피스톤을 밀어 올리기 위해서 한 일 W는 $W = p\Delta V$ 그런데 이상기체 방정식으로부터 $p\Delta V = nR\Delta T$ 따라서 $W = nR\Delta V$
이것들을 열역학 제1법칙에 대입하면 $nC_v\Delta T = nC_p\Delta T - nR\Delta T$ $n\Delta T$를 소거하면
$C_v = C_p - R$, 즉 $C_p = C_v + R$ 이 얻어지네요.
옳지, 잘했다.

자유도
이제까지는 기체원자 또는 분자가 병진운동만 한다고 가정했었지?
병진운동=상하좌우운동
실제로는 회전운동도 한단다.
단, 단원자 기체의 원자는 회전운동은 하지 않아.
경우의 수 영
단원자 기체 예) 헬륨=He
양자론에 의한 건데.
이원자 분자는 회전운동을 하지.
예를 들면 산소기체=O_2
O
O
그렇지만 이때도 두 산소원자(0)를 연결한 축에 수직인 축으로만 회전운동을 할 수 있어.
경우의 수는 2개
이것도 양자론에 의함
다원자 분자는 xyz 3축에 대하여 모두 회전할 수 있지.
예를 들면, 메탄= CH_4
z
H
C
y
H
H
x
H
경우의 수 3개

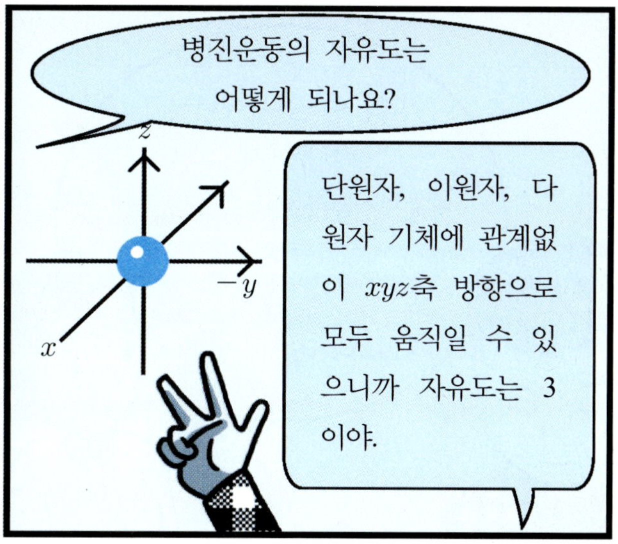

정리해 보면

기체		자유도		
분자	예	병진운동	회전운동	계(f)
단원자	He	3	0	3
이원자	O_2	3	2	5
다원자	CH_4	3	3	6

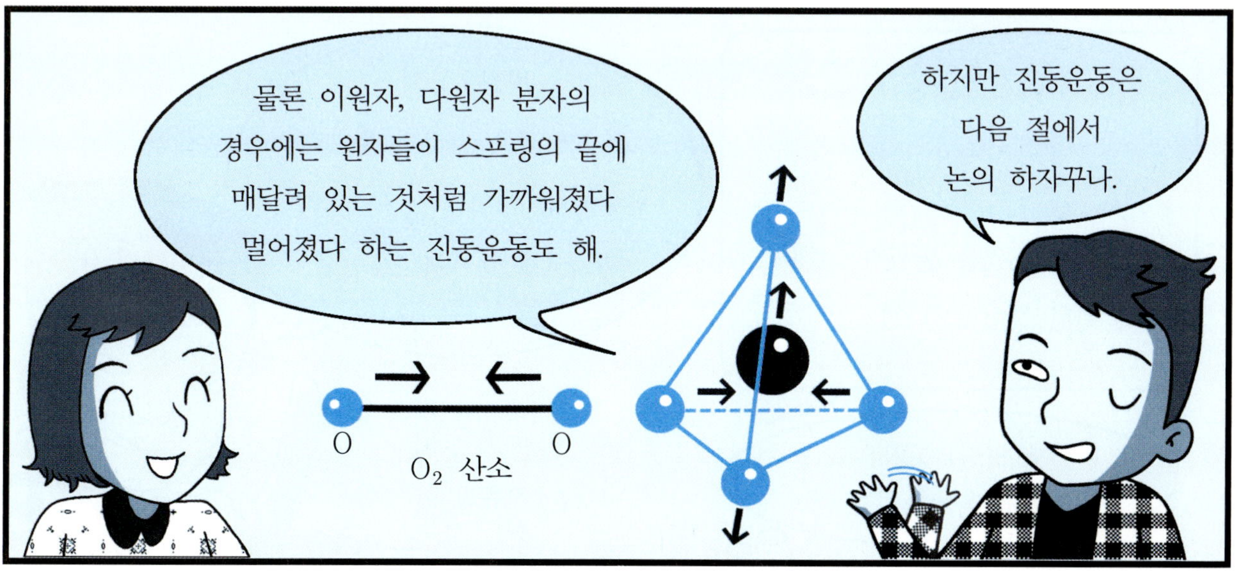

앞의 병진운동에너지 부분에서 평균병진운동에너지 K_{avg}는
$K_{avg}=\frac{3}{2}kT$
라는 것을 배웠지?
그런데 병진운동의 자유도는 3이니까, 하나의 자유도에 대한 에너지는 $\frac{1}{2}kT$라고 생각할 수 있겠네요.
$\frac{1}{2}kT$
그래서 맥스웰은 에너지 등분배 정리라는 것을 도입했어.
모든 종류의 분자는 자유도 f를 가지고 있다. 자유도란 분자가 에너지를 저장할 수 있는 독립적인 방법이다. 각 자유도는 평균적으로 분자당 $\frac{1}{2}kT$(또는 mol당 $\frac{1}{2}RT$)의 에너지를 가진다.
앞에서 등적 몰비열 C_v는
$C_v=\frac{3}{2}R$
이었지? 이것은 단원자 기체에 관한 것이었으니까.
단원자 병진운동자유도 3
회전운동자유도 0
병진운동의 자유도 3에 분자(이 경우는 단원자)당 에너지 $\frac{1}{2}R$을 곱한 것이라고 생각할 수 있지.
즉, $C_v=f\left(\frac{1}{2}R\right)$
f : 자유도

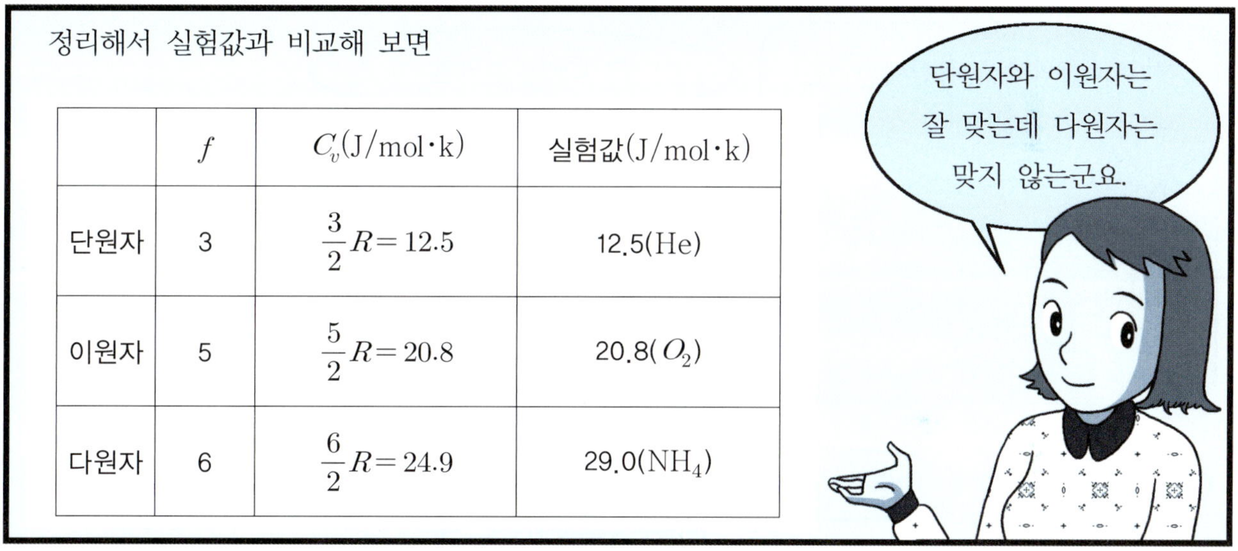

	f	C_v(J/mol·k)	실험값(J/mol·k)
단원자	3	$\frac{3}{2}R=12.5$	12.5(He)
이원자	5	$\frac{5}{2}R=20.8$	20.8(O_2)
다원자	6	$\frac{6}{2}R=24.9$	29.0(NH_4)

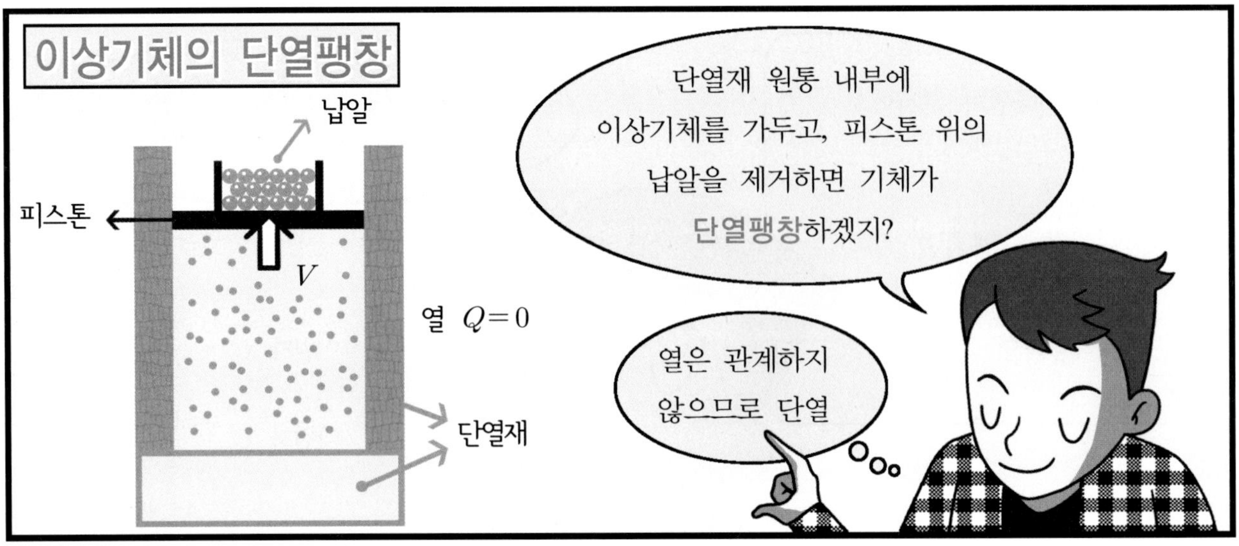

이상기체의 단열팽창
납알
피스톤
V
열 $Q=0$
단열재
단열재 원통 내부에 이상기체를 가두고, 피스톤 위의 납알을 제거하면 기체가 단열팽창하겠지?
열은 관계하지 않으므로 단열

이러한 단열과정 동안에 압력과 부피 사이에는 다음의 관계가 있어
$pV^{\gamma}=$상수 … (*)
여기서
$\gamma=C_p/C_v$
γ : 감마
증명은 생략
그래프로 그리면
단열곡선 $(Q=0)$
압력
i
등온곡선
f
부피

기체가 초기상태 i에서 최종상태 f로 변했다면 위의 식도
$p_i V_i^{\gamma}=p_f V_f^{\gamma}$
로 쓸 수 있지.
또 이상기체 방정식
$pV=nRT$
로부터
$p=\frac{nRT}{V}$
이므로 (*)식에 대입하면
$\left(\frac{nRT}{V}\right)V^{\gamma}=$상수
라고 쓸 수도 있어.

$\left(\frac{nRT}{V}\right)V^{\gamma}$=상수
에서 n(몰수), R(기체 상수)
는 상수니까
$\left(\frac{T}{V}\right)V^{\gamma}$=상수
$TV^{\gamma-1}$=상수
라고도 변형할 수 있지.
초기상태 i에서
최종상태 f로 변했다면
$T_iV_i^{\gamma-1}=T_fV_f^{\gamma-1}$
이 되는 거지.
차가운 콜라병의
마개를 따면
입구에 살짝
물안개가 서리거든.
펑
그 이유는 콜라병 속에는 탄산가
스가 차 있어서 압력이 대기압보
다 높은데, 뚜껑을 따면, 순식간
에 기체의 부피가 증가하는 단열
팽창과정이 일어나면서 기체의
온도가 내려가기 때문이야!
자유팽창
기체가 한쪽 용기에만 들어 있을 때 밸브
를 열면 다른 용기에도 기체가 차는 자유
팽창이 일어나.
$Q=0$
진공
기체
자유팽창의 경우에는 가해진 열이
없다는 것은 단열팽창과 같으나,
다른 점은 기체가 진공으로 들어
가므로 아무런 압력도 받지 않아
서 일을 하지 않는다는 거야.
단열팽창은
기체가 일을 하지.

또 내부에너지 변화도 없어. 그러니까 초기상태의 온도 T_i와 최종상태의 온도 T_f가 같단다. $T_i = T_f$
또 이상기체방정식으로부터 $pV=nRT$인데 T가 변하지 않으니까 (n과 R은 상수) pV도 변하지 않지!
즉, $p_iV_i = p_fV_f$ 가 되는 거야.
기체가 압력에 반해서 부피를 증가시키며 일을 하는 단열팽창과는 다르군요.
단열팽창에서는 내부에너지 감소

퀴즈 1

용기 내에 25℃, 12 atm의 질소 10 L가 들어 있다. 온도가 40℃로 올라가고 부피가 12 L로 늘었을 때 질소 기체의 압력을 구하라. 단, 질소기체를 이상기체라고 가정하라.

답

이상기체이므로 초기상태 i와 최종상태 f 모두에 대하여 이상기체법칙을 적용하면

초기상태	최종상태
$p_i V_i = nRT_i$	$p_f V_f = nRT_f$

두 식을 나누면

$$\frac{p_f V_f}{p_i V_i} = \frac{nRT_f}{nRT_i}, \quad \frac{p_f V_f}{p_i V_i} = \frac{T_f}{T_i}$$

$$p_f = \frac{T_f}{T_i} \frac{p_i V_i}{V_f}$$

값들을 대입하면

$$p_f = \frac{(273 + 40\ \mathrm{K})}{(273 + 25\ \mathrm{K})} \frac{(12\ \mathrm{atm})(10\ \mathrm{L})}{(12\ \mathrm{L})}$$

$$= 10.5\ \mathrm{atm} \approx 10\ \mathrm{atm}$$

퀴즈 2

이상기체로 가정할 수 있는 질소 2.0 mol이 298 K의 일정한 온도에서 초기부피 $V_i = 14\,\mathrm{L}$에서 최종부피 $V_f = 18\,\mathrm{L}$로 팽창하는 동안에 기체가 한 일을 구하라.

답

기체가 한 일 W는 기체의 압력 p를 부피 V에 대하여 적분하면 구할 수 있다. 즉,

$$W = \int_{V_i}^{V_f} p\,dV$$

이상기체 법칙에 의하면

$$pV = nRT,\ \ p = \frac{nRT}{V}$$

대입하면

$$W = \int_{V_i}^{V_f} nRT\frac{1}{V}\,dV = nRT[\ln V]_{V_i}^{V_f}$$

$$= nRT[\ln V_f - \ln V_i] = nRT\ln\frac{V_f}{V_i}$$

값을 대입하면

$$= (2\ \mathrm{mole})(8.31\ \mathrm{J/mol\cdot k})(298\ \mathrm{k})\ln\frac{18\ \mathrm{L}}{14\ \mathrm{L}}$$

$$\approx 5630\ \mathrm{J} = 5.6\ \mathrm{kJ}$$

퀴즈 3

질소기체를 이상기체라고 가정하고 온도 $T = 290\ \mathrm{k}$, 압력 $p = 1.0\ \mathrm{atm}$에서 질소 분자의 평균 자유행정 λ를 구하라. 단, 질소 분자의 지름은 $d = 280\ \mathrm{pm}$이다.

답

평균 자유행정 λ는

$$\lambda = \frac{1}{\sqrt{2}\,\pi d^2 N/V} \cdots (*)$$

이 식에 들어있는 분자의 지름 d는 주어졌지만, N/V, 즉 단위부피당 분자 수는 주어지지 않았음. 이것을 구하기 위해서 이상기체법칙 사용.

$$pV = nRT,\ p = \frac{nRT}{V},\ \frac{p}{nRT} = \frac{1}{V}$$

양변에 분자 수 N을 곱하면, $\frac{N}{V} = \frac{pN}{nRT}$

그런데 n은 몰수이므로 n몰에는 분자가 nN_A개 만큼 들어있음.

이것이 분자 수 N이므로 이것을 우변항에 대입.

$$\frac{N}{V} = \frac{pN}{nRT} = \frac{pnN_A}{nRT} = \frac{pN_A}{RT} = \frac{p}{kT}$$

이것을 (*)식에 대입하면

$$\lambda = \frac{1}{\sqrt{2}\,\pi d^2 (p/kT)} = \frac{kT}{\sqrt{2}\,\pi d^2 p}$$

$$= \frac{(1.38 \times 10^{-23}\ \mathrm{J/k})(290\ \mathrm{k})}{\sqrt{2}(3.14)(280 \times 10^{-12}\ \mathrm{m}^2)(1.01 \times 10^5\ \mathrm{Pa}))}$$

$$\approx 3.6 \times 10^{-7}\ \mathrm{m} = 360000\ \mathrm{Pm}$$

퀴즈 4

앞의 퀴즈 3의 질소 분자의 평균 속력이 $=440\ \mathrm{m/s}$일 때

(a) 어떤 특정한 질소 분자가 한번 충돌하고 다시 충돌할 때까지의 평균 시간을 구하라.

(b) 질소 분자가 단위시간당 충돌하는 횟수, 즉 충돌 빈도를 구하라.

답

(a) 충돌 사이의 평균시간 t는

$$t=\frac{\text{거리}}{\text{속력}}=\frac{\text{평균자유행정}}{\text{속력}}=\frac{3.6\times10^{-7}\ \mathrm{m}}{440\ \mathrm{m/s}}$$

$$\approx 8.2\times10^{-10}\ \mathrm{s}=0.82\ \mathrm{ns}$$

(b) 충돌빈도 f는 충돌 사이의 시간의 역수이므로

$$f=\frac{1}{t}=\frac{1}{8.2\times10^{-10}\mathrm{s}}=1.2\times10^{9}/\ \mathrm{s}$$

퀴즈 5

질소의 몰질량은 $M = 28.0 \times 10^{-3}$ kg/mol이다. 온도 300 K에서 질소분자의

(a) 평균 속력 v_{avg}

(b) rms 속력 v_{rms}

(c) 가장 잦은 속력 v_P를 구하라.

답

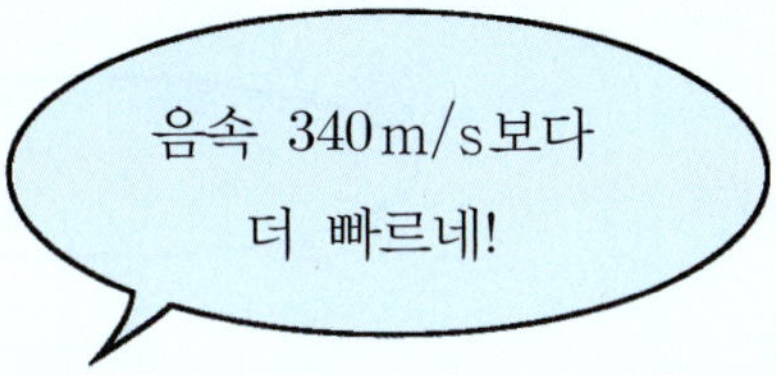

(a) $$v_{avg} = \sqrt{\frac{8RT}{\pi M}}$$

$$= \sqrt{\frac{8(8.31\ \text{J/mol}\cdot\text{k})(300\ \text{k})}{3.14(0.0280\ \text{kg/mol})}}$$

$$\approx 476\ \text{m/s}$$

(b) $$v_{rms} = \sqrt{\frac{3RT}{M}}$$

$$= \frac{3(8.31\ \text{J/mol}\cdot\text{k})(300\ \text{k})}{0.0280\ \text{kg/mol}}$$

$$\approx 517\ \text{m/s}$$

(c) $$v_P = \sqrt{\frac{2RT}{\pi M}}$$

$$= \sqrt{\frac{2(8.31\ \text{J/mol}\cdot\text{k})(300\ \text{k})}{0.0280\ \text{kg/mol}}}$$

$$\approx 422\ \text{m/s}$$

퀴즈 6

단원자 이상기체라고 가정할 수 있는 헬륨 2.00 mol기체 방울이 잠겨 있는 오일의 온도를 일정한 압력에서 10.0℃만큼 증가시켰을 때

(a) 헬륨 기체에 가해지는 열에너지를 구하라.

(b) 헬륨 기체의 내부에너지 변화를 구하라.

(c) 헬륨 기체가 오일의 압력에 맞서서 팽창하면서 한 일을 구하라.

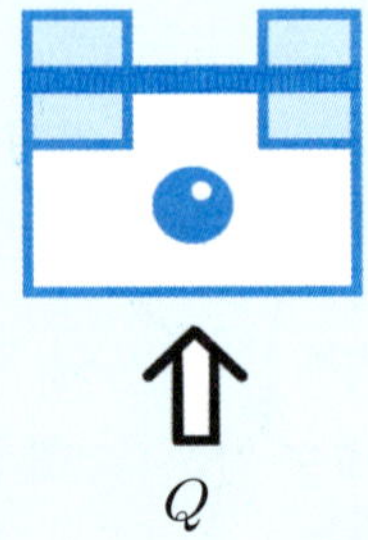

답

(a) $Q = n\,C_p \Delta T$

C_v : 등적비열

Q : 열에너지
n : 몰수
C_p : 등압비열
ΔT : 기체의 온도변화

여기서

$$C_p = C_v + R = \frac{3}{2}R + R = \frac{5}{2}R$$

단원자 기체의 $C_v = \frac{3}{2}k$

대입하면

$$Q = n\frac{5}{2}R\Delta T = (2.00\ \text{mol})\left(\frac{5}{2}\right)(8.31\ \text{J/mol}\cdot\text{k})(10.0\ ℃) \approx 416\ \text{J}$$

온도차이므로 켈빈 K로 바꿔도 마찬가지

(b) 기체의 내부에너지는 온도에만 의존하고 압력이나 밀도에는 의존하지 않으며, 내부에너지 변화 ΔE_{int}는

$$\begin{aligned}\Delta E_{\text{int}} &= nC_v\Delta T,\\ &= n\left(\frac{3}{2}R\right)\Delta T\\ &= (2.00\ \text{mol})\left(\frac{3}{2}\right)(8.31\ \text{J/mol}\cdot\text{k})(10.0\ ^\circ\text{C})\\ &\approx 249\ \text{J}\end{aligned}$$

단원자 기체이므로 여기서 $C_v = \frac{3}{2}R$

(c) 열역학 제1법칙에 의하면

$$\Delta E_{\text{int}} = Q - W$$

따라서

$$\begin{aligned}W &= Q - \Delta E_{\text{int}}\\ &= 416\ \text{J} - 249\ \text{J}\\ &= 167\ \text{J}\end{aligned}$$

W : 기체가 한 일

퀴즈 7

질소기체가 온도 300 K에서 초기부피 10 L로부터 최종부피 15 L로 팽창했다. 질소기체는 이상기체라고 가정하고 다음 물음에 답하라.

(a) 질소기체가 최종부피로 단열팽창했을 때 최종온도를 구하라.

(b) 질소기체가 초기압력 3.0 Pa에서 최종부피로 자유팽창했을 때 최종온도와 압력을 구하라.

답

(a) 단열과정에서는 초기 및 최종온도와 부피 사이에 다음의 관계가 있음.

$$T_i V_i^{\gamma-1} = T_f V_f^{\gamma-1}$$

$$T_f = \frac{T_i V_i^{\gamma-1}}{V_f^{\gamma-1}}$$

$$= \frac{(300\ \mathrm{K})(10\ \mathrm{L})^{1.4-1}}{(15\ \mathrm{L})^{1.4-1}} = 250\ \mathrm{K}$$

여기서 $\gamma = \dfrac{C_p}{C_v} = \dfrac{\frac{7}{2}R}{\frac{5}{2}R} = 1.4$

열이 공급되지 않고
부피가 늘어나니까 내부에너지가
감소하여 온도 감소

(b) 자유팽창에서는 열에너지도 공급되지 않고 분자의 운동에너지도 변하지 않으므로 온도가 무변

$$T_f = T_i = 300\ \mathrm{k}$$

또 자유팽창에서는 $p_i V_i = p_f V_f$

$$p_f = \frac{p_i V_i}{V_f} = \frac{(3.0\ \mathrm{Pa})(10\ \mathrm{L})}{15\ \mathrm{L}} = 2.0\ \mathrm{Pa}$$

자유팽창이므로
압력 감소

8. 엔트로피와 열역학 제2법칙

엔트로피
팝콘 튀겨요.
뭐해.
펑펑펑
옥수수 알갱이가 팝콘은 돼도 팝콘이 옥수수 알갱이로 돌아오지는 않지?
팝콘
펑
옥수수 알갱이
이런 과정을 비가역 과정 이라고 해.
옥수수-팝콘 계를 닫힌계라고 하면 팝콘이 다시 옥수수가 될 수도 있는 것 아닌가요?
부피팽창
부피감소
열흡수
열방출
에너지 보존 법칙에 위배되지는 않잖아요.
에너지 보존법칙은 비가역 과정의 방향을 결정하지는 못해.
그럼 무엇이 방향을 결정하나요?
엔트로피 변화 ΔS가 방향을 결정한단다.

엔트로피 가설
닫힌계에서 비가역 과정이 일어나면 계의 엔트로피는 항상 증가한다.
닫힌계에서 에너지는 보존되지만 엔트로피는 보존법칙을 따르지 않고 항상 증가해.
결코 감소하지 않지!
이러한 특성 때문에 엔트로피의 변화를 시간의 화살이라고도 한단다.
쏘지 마세요.
옥수수 알갱이가 터져서 팝콘이 되는 것은 시간의 진행방향, 즉 엔트로피의 증가에 해당해.
팝콘 → 옥수수 알갱이는 시간의 역방향, 즉 엔트로피 감소이므로 결코 일어나지 않아.
계의 엔트로피 변화는 다음과 같은 두 가지 방법으로 정의한단다.
(1) 계의 온도와 얻거나 잃는 열에너지
(2) 계를 구성하는 원자나 분자가 정렬할 수 있는 경우의 수.
(2)번은 뒤에서 배우기로 하자.

(1)번에 입각한 엔트로피 변화 ΔS의 정의는
$\Delta S = S_f - S_i = \int_i^f \frac{dQ}{T}$
i : 초기상태
f : 최종상태
비가역 과정인 자유팽창의 엔트로피 변화 ΔS를 구해보자.
단열벽
진공
초기상태 i
비가역 과정
자유팽창
최종상태 f
그런데 단열팽창의 경우에는 코크를 열었을 때 기체가 흘러나와 전체 용기를 채우는 동안에
기체의 압력과 온도, 부피가 예측할 수 없이 요동쳐서 초기평형상태 i에서 최종평형상태 f로 변하는 중간과정에는 명확히 규정된 중간 값을 갖지 않아.
그래서 초기상태 i로부터 최종상태 f까지의 경로를 그릴 수가 없고,
압력
i
f
부피
중간과정?
Q와 T 사이의 관계를 알 수가 없어서 위 식을 적분할 수가 없어.
그럼, 어떻게 하죠?

초기상태와 최종상태가 자유팽창과 같고, 중간과정이 서서히 평형상태를 유지하며 변하는 가역과정으로 바꿔서 엔트로피를 계산하면 된단다.
엔트로피는 상태의 특성이므로 변화과정과는 무관하고 초기상태와 최종상태, 두 상태에만 의존하기 때문이지.

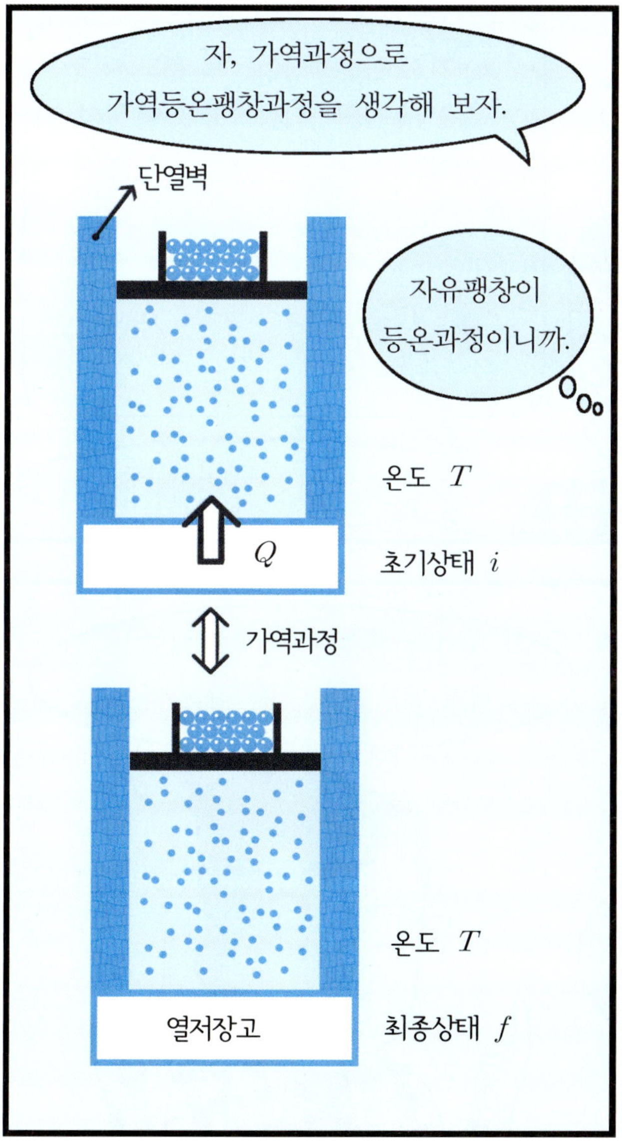
자, 가역과정으로 가역등온팽창과정을 생각해 보자.
단열벽
자유팽창이 등온과정이니까.
온도 T
Q
초기상태 i
가역과정
온도 T
열저장고
최종상태 f

우선 자유팽창과 동일한 초기상태를 만들기 위하여 기체를 단열벽 사이에 넣고 온도 T인 상태에서 자유팽창의 초기상태인 압력과 부피가 되도록 피스톤 위에 납알을 얹는 거지!

그 다음 자유팽창의 최종상태 f에서의 압력과 부피가 될 때까지 납알은 하나씩 천천히 제거하는 거야. 물론 이때 열이 아래로부터 공급되어서 온도는 초기상태와 같게 유지하지.

그러면 중간과정도 열평형상태가 되어서 적분계산을 할 수 있어.
압력
i
등온곡선
f
온도 T
부피
가역등온팽창과 자유팽창은 다른 현상이지만 초기상태와 최종상태가 같다면 엔트로피 변화도 같다는 거군요.
자, 이제 엔트로피 변화의 적분계산을 해보자.
$\Delta S = S_f - S_i = \int_i^f \frac{dQ}{T}$
이었지?
여기서 등온팽창이므로 온도 T는 상수니까 적분 밖으로 뺄 수 있어서
$\Delta S = S_f - S_i = \frac{1}{T}\int_i^f dQ$
또 $\int_i^f dQ = Q$
과정 중에 열로 전달된 총에너지
그러므로
$\Delta S = S_f - S_i = \frac{Q}{T}$
등온팽창과정에서는 기체의 온도 T를 일정하게 유지하기 위해서 열 Q가 기체로 전달됐으니까 $Q > 0$
따라서 자유팽창의 동안에도 기체의 엔트로피는 증가하는 거야.

자, 이제 열역학 제1법칙
$dE_{int} = dQ - dW$
를 이용해서 어떤 과정(이상기체)
의 엔트로피를 계산해 보자.
각 미소단계에서의
열역학 제1법칙이라서
d가 붙었어.
엔트로피 변화 dS는 앞에서
$dS = \frac{dQ}{T}$ ⋯ (*)
이었지?
미소단계란
초기 → 최종상태
로 가는 과정의
미소단계

열역학 제1법칙으로부터
$dQ = dE_{int} + dW$
그런데 앞에서 배운 것 같이
$dE_{int} = nC_v dT$
$dW = pdV$
이므로 대입하면
$dQ = nC_v dT + pdV$
또 이상기체법칙에 의하면
$pV = nRT$
즉, $p = \frac{nRT}{V}$ 대입
$dQ = nC_v dT + nRT\frac{dV}{V}$
이 식을 (*)식에 대입하면

$dS = \frac{dQ}{T} = nC_v\frac{dT}{T} + nR\frac{dV}{V}$
이것을 초기상태 i에서
최종상태 f까지 적분하면
$\int_i^f dS = \Delta S = \int_i^f \frac{dQ}{T} = \frac{Q}{T}$
$= \int_i^f nC_v\frac{dT}{T} + \int_i^f nR\frac{dV}{V}$
$= nC_v \ln\frac{T_f}{T_i} + nR\ln\frac{V_f}{V_i}$
다시 한 번 쓰면
$\Delta S = S_f - S_i = nC_v \ln\frac{T_f}{T_i} + nR\ln\frac{V_f}{V_i}$

열역학 제2법칙
앞의 등온팽창 가역과정에서 기체만을 생각했을 때는 엔트로피가 증가했지?
사실은 엔트로피는 닫힌계에 대해서만 생각해야 돼.
기체로 열 Q가 들어왔으니까 닫힌계가 아니군요!
기체에 열을 공급하는 열저장고까지를 포함해서 생각해야 닫힌계가 되는 거야.
등온팽창 가역과정의 경우 기체의 엔트로피 변화 ΔS_{gas}는
$\Delta S_{gas} = + \frac{Q}{T}$
열저장고의 엔트로피 변화 ΔS_{res}는
$\Delta S_{res} = - \frac{Q}{T}$
열을 잃으니까
닫힌계의 엔트로피 변화는 이 두 엔트로피 변화를 더해야 하니까 영이 되는군요.
등온수축의 경우에도 반대가 되어서 영.
따라서 앞의 엔트로피 가설을 비가역과정과 가역과정을 모두 포함해서 다음과 같이 바꿀 수 있어.

닫힌계의 비가역과정에서는 엔트로피는 증가하나 가역과정에서는 일정하다.
이것을 식으로 쓰면
$\Delta S \geq 0$
부등호 : 비가역 과정
등호 : 가역 과정
이것이 열역학 제2법칙의 한 형태야.
대부분의 실제과정은 마찰, 막흐름 등의 요인 때문에 다소 비가역적이야.
따라서 실제 과정을 수행하는 닫힌계의 엔트로피는 항상 증가하지. 엔트로피가 일정하게 유지되는 과정은 이상적일 뿐이야.
엔트로피 때문에 생기는 힘
고무줄을 늘어뜨리면 다시 원상태로 오므라들려는 힘이 생기지? 왜 그럴까?
이 고무줄을 늘어뜨려 봐.
ㅇㅇ~

고무줄 속에는 기다란 지렁이 같은 고분자들이 들어 있는데 늘어나지 않은 상태에서는 이것들이 엉켜 있어.
확대
늘어나지 않은 고무줄
고무줄 속
그런데 늘어뜨리면 이 긴 분자들이 늘어난 방향으로 펴지면서 정렬을 하게 돼.
확대
늘어난 고무줄
고무줄 속
아항, 그러니까 늘어나지 않은 상태에서는 긴 분자들이 무질서하게 있으니까, 엔트로피가 높은 상태인데, 늘어나면 정렬을 하니까 엔트로피가 감소하는 거군요.
따라서 고무줄이 원래 상태로 오므라 들려고 하는 힘은 긴 분자들이 무질서한 상태로 돌아가려는 경향, 즉 엔트로피가 증가하는 방향으로 변하려고 하기 때문에 생기는 거야.
난, 무질서한 게 좋아.
이러한 과정을 식으로 나타내 보자. 열역학 제1법칙에 의하면 $dE=dQ-dW$
고무줄이 dx만큼 늘어났다면 고무줄의 장력 F는 길이 dx만큼 늘어나는 동안에 $dW=-Fdx$ 의 일을 하겠지?
복원력이니까 (−)

또 엔트로피 미소 변화
$dS = \frac{dQ}{T}$
따라서
$dQ = TdS$
이것들을
열역학 제1법칙에
대입하면
$dE = TdS + Fdx$

고무줄이 늘어난 길이가 크지 않으면 고무줄의 내부에너지 변화 dE는 영이라고 간주할 수 있지.
고무줄 분자의
운동에너지 변화가
영이라고 가정.
$dE = 0$을 대입하면
$0 = TdS + Fdx$
$F = -T\frac{dS}{dx}$

고무줄이 늘어나면
엔트로피는 감소하니까
dS/dx는 음이야.
따라서 F는
양이 되고
오므라들려는 힘 F가
작용하는 거란다.

열기관
열기관이란 열을 이용해서 일을 하는 기관이야. 이와 같이 증기를 작동물질로 하는 경우에는 열에너지를 받아서 증기를 팽창시키고 열에너지를 잃으면서 수축하는 순환과정을 이용하지.
이상적인 열기관으로 카르노 기관이라는 것이 있어. 카르노 기관은 이상기체를 작동물질로 사용하고
모든 과정은 가역적이고, 마찰이나 막흐름 등에 의한 에너지 손실에 일어나지 않는다고 가정하는
카르노 기관은 1824년에 프랑스의 과학자 Carnot가 고안한 것이야.
카르노 기관에 대하여 구체적으로 살펴보자.

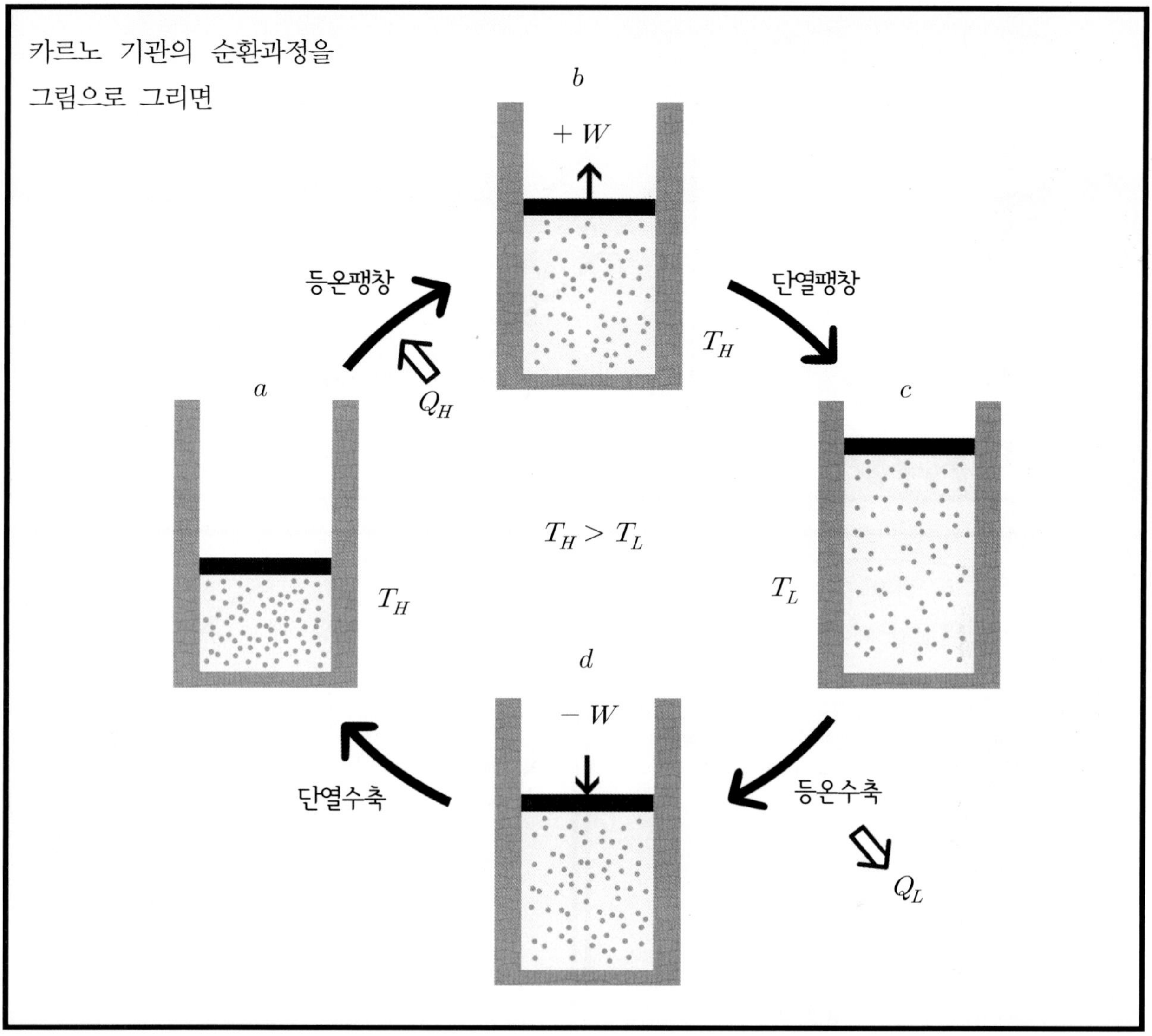
카르노 기관의 순환과정을
그림으로 그리면
b
+ W
등온팽창
단열팽창
T_H
a
Q_H
c
$T_H > T_L$
T_L
T_H
d
− W
단열수축
등온수축
Q_L

온도 T_H인 이상기체에 고온 열 저장고에서 열 Q_H를 가하면 등온 팽창하고 이어서 열이 가해지지 않은 상태에서 단열팽창을 하지. 단열팽창하면 기체의 온도가 내려가서 저온 T_L이 돼.
그러면 기체의 온도가 내려갔으니까, 등온수축하게 되는데 이때 열 Q_L(Q_H보다 작음)이 저온 저장고로 방출되고, 열의 출입이 없는 상태에서 다시 단열수축 하는데 그러면 온도가 원래의 온도 T_H로 상승하는 사이클을 반복하는 거야.

이 순환과정을
부피-압력그래프로 그리면
카르노 사이클
압력
부피
a
b
c
d
등온팽창
단열수축
단열팽창
등온수축
T_H
T_L
등온곡선
이 과정 중에서
기체가 팽창할 때($a \to b \to c$)는
피스톤을 들어 올리는
양의 일(+ W)을 하고
기체가 수축할 때
($c \to d \to a$)는 피스톤이
내려와서 음의 일(− W)을
하게 되겠죠!
일은 $W = \int p dV$니까 팽
창 시에 한 일은 $a \to b \to c$
곡선의 밑의 면적이 되고 수
축 시에 한 일은 $c \to d \to a$
곡선 밑의 면적이야.
이 두 면적을 빼면
순환과정에서 한 알짜 일은
그림의 빗금 친 면적에
해당하겠군요!
이만큼 양의 일을
외부에 하는 거지.

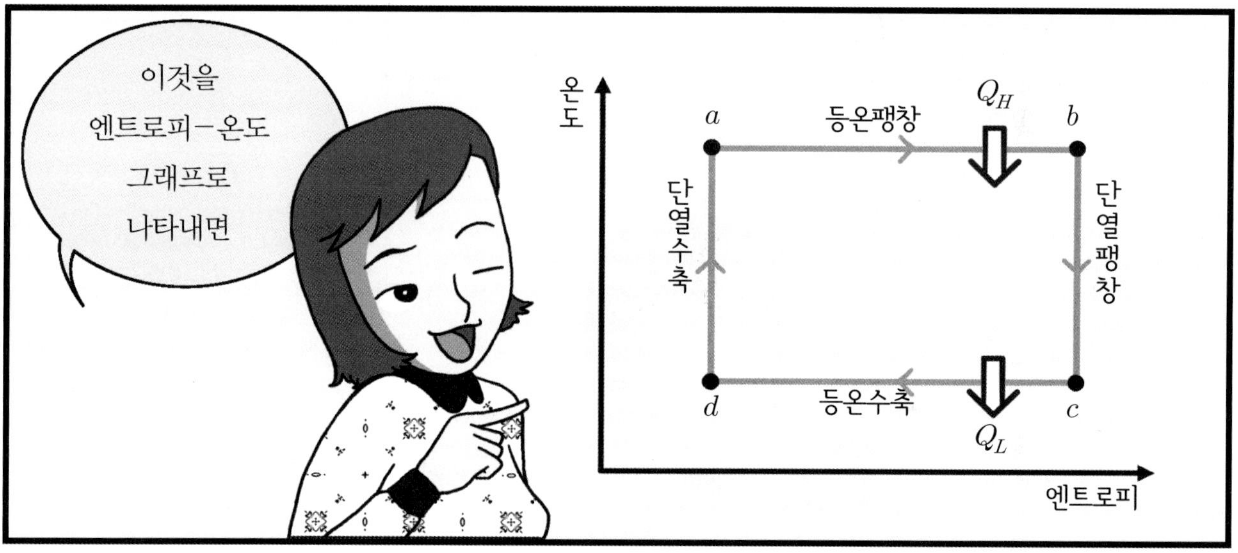

카르노 순환과정 동안 알짜 일을 계산해 보자.

열역학 제1법칙에 의하면

$$\Delta E_{int} = Q - W$$

그런데 한 순환하면 원래 상태로 돌아오니까 내부에너지 변화

$$\Delta E_{int} = O$$

즉,

$$W = Q$$

그런데 여기서 Q는 흡수한 열 Q_H−방출한 열 Q_L이므로

$$W = |Q_H| - |Q_L|$$

이번에는 카르노 순환과정 동안의 엔트로피 변화 ΔS를 계산해 봐라.
엔트로피 변화는 열을 주고 받는 동안에만 일어나므로
$$\Delta S = \Delta S_H + \Delta S_L = \frac{|Q_H|}{T_H} - \frac{|Q_L|}{T_L}$$
등온팽창과 등온수축과정에서만 ΔS변화
그런데 엔트로피는 상태함수이므로 한 순환과정에서는 원래 상태로 돌아오므로 $\Delta S = O$
따라서
$$\frac{|Q_H|}{T_H} = \frac{|Q_L|}{T_L}$$
$T_H > T_L$이니까, $Q_H > Q_L$, 즉 고온 열저장고에서 뽑아내는 열에너지가 저온 열저장고에 주는 열에너지보다 크다는 거죠.
이번에는 카르노 기관의 효율을 계산해 보자. **열효율** ϵ은 순환과정당 한 일을 흡수한 열에너지(공급한 에너지)로 나눈 값으로 정의해.
즉, $\epsilon = \frac{|W|}{|Q_H|}$
앞에서 카르노 기관의 경우에는
$$W = Q_H - Q_L$$
이니까
$$\epsilon_C = \frac{|Q_H| - |Q_L|}{Q_H} = 1 - \frac{|Q_L|}{|Q_H|}$$
C : carnot

또 앞의 엔트로피 변화
에서 얻은
$\frac{Q_H}{T_H}=\frac{Q_L}{T_L}$
식으로부터
$\frac{Q_L}{Q_H}=\frac{T_L}{T_H}$
을 대입하면
$\epsilon_c = 1 - \frac{T_L}{T_H}$
T_H, T_L은 켈빈단위
$T_L < T_H$이므로
카르노 기관의 효율은
1보다 작군요.
100%보다 작아
그렇지, 고온 열저장고에
서 뽑아낸 열에너지의 일
부만 일로 사용되고 나머
지는 저온 열저장고를 통
해서 빠져나가는 거지.
카르노 기관은 앞에서 얘기한
것 같이 이상적인 기관이므로
실제기관의 효율은 카르노 기
관의 효율보다 낮아.
마찰 등에 의한
에너지 손실이 있으니까.
실제 기관인 자동차는
효율이 25%, 원자력발전소는
30% 밖에 안 됨.
효율이
100%인
기관은
없나요?
그런 기관을 영구기관
이라고 하는 데 그런 건
불가능해. 그런 게 있다
면 물에서 열을 뽑아내
서 물로 가는 자동차를
만들 수 있지만 실제로
는 불가능해.

투입된 열이 100% 모두 일로 바뀌는 것은 불가능하기 때문이야.
오랜 경험에서 그런 것은 불가능하다는 것을 알고 있기 때문에
영구기관은 없다.
는 것이 열역학 제2법칙이야.

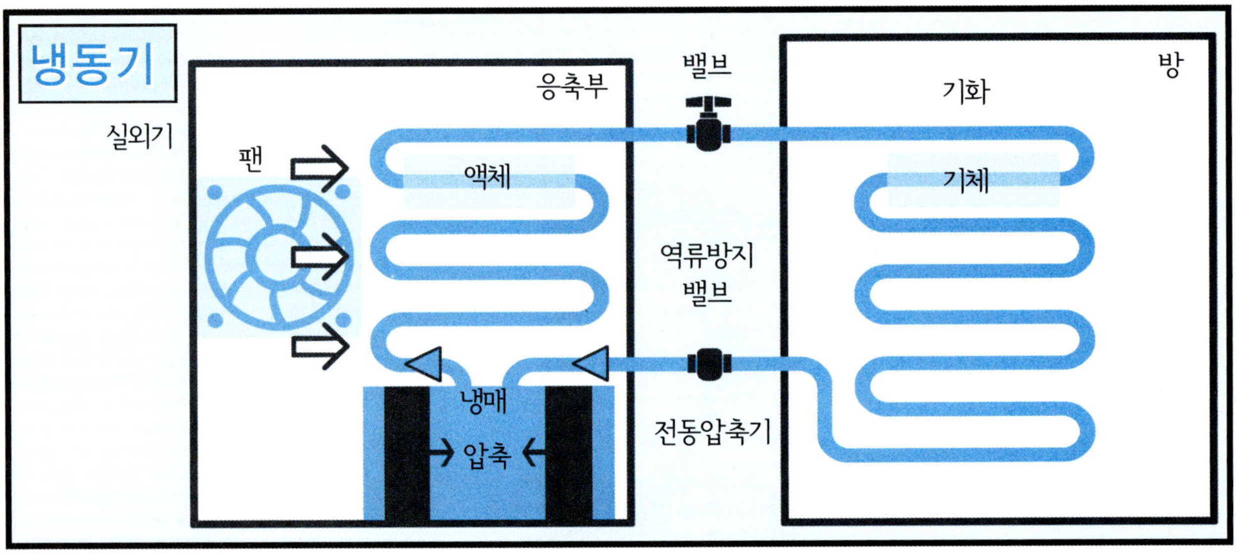
냉동기
실외기
응축부
팬
액체
냉매
압축
밸브
역류방지 밸브
전동압축기
방
기화
기체

이게 뭐예요.
에어컨의 구조야. 에어컨은 냉동기의 일종인데 냉동기는 열기관과는 반대로 일을 하여 저온부의 열에너지를 고온부로 전달하는 장치지.
냉매(이산화탄소 등)를 압축기로 압축하고(일) 팬으로 식혀서(일) 액체를 만든 후 밸브를 열어서 식히려는 방으로 넣으면 냉매가 기화하면서 방의 열을 빼앗아 방(저온부)의 온도는 내려가고 냉매의 온도는 올라가지.

뜨거워진 기체 상태의 냉매가 압축기로 돌아와서 압축되고 팬에 의해서 식으면서 열을 외부(고온부)로 방출한 후 액체가 된단다.
그리고 다시 밸브를 열었을 때 갑자기 팽창해서 기체가 되면 차가워지니까 방(저온부)의 열에 빼앗아 다시 압축기로 돌아오는 과정을 반복하는 거야.
그러니까 압축기와 팬이 일을 해서 저온부(방)의 열을 빼앗아서 고온부(실외)로 전달하는 거군요.
열기관하고는 반대네.
냉장고도 유사한 원리인데 이 경우에는 저온부가 냉장고 속이고 고온부가 방이 되는 거지.
추워
모든 과정이 가역적이고, 마찰이나 막흐름에 의한 에너지손실이 없는 이상적인 냉동기를 카르노 냉동기 라고 불러.
카르노 냉동기는 카르노 기관의 반대 방향으로 작동하겠네요.

일반적인 냉동기의 효율 K는
$K=\frac{\text{얻은 열}}{\text{하는 일}}=\frac{|Q_L|}{|W|}$
로 정의해.
K를 작동계수
라고도 부르지.
앞에서 카르노 기관의 일
$|W|=|Q_H|-|Q_L|$
이었으니까, 대입하면 카르노
냉동기의 효율 K_c는
$K_c=\frac{|Q_L|}{|Q_H|-|Q_L|}$
또 앞에서
$\frac{|Q_H|}{T_H}=\frac{|Q_L|}{T_L}$
이었으니까
$|Q_H|=\frac{T_H}{T_L}|Q_L|$
대입하면
$K_C=\frac{|Q_L|}{\frac{T_H}{T_L}|Q_L|-|Q_L|}$
$=\frac{1}{\frac{T_H}{T_L}-1}=\frac{1}{\frac{T_H-T_L}{T_L}}$
$=\frac{T_L}{T_H-T_L}$
이 식으로부터 고온부의 온도
T_H와 저온부의 T_L의 차가 작
을 때 효율이 높아.
방 안과 외부의 온도차가
크면 효율이 작지.
실내 에어컨의 $K\approx 2.5$
가정용 냉장고의 $K\approx 5$야.
열기관에서 영구기관이
불가능한 것 같이
영구냉동기도 불가능해.
열역학 제2법칙
위배.

통계적 엔트로피
앞에서 기체의 거시적인 특성을 미시적인 분자의 거동으로 설명할 수 있었지?
예를 들면 용기 벽에 대한 기체의 압력은 벽에 충동하는 분자들의 운동량으로 설명할 수 있었죠.
이와 같이 수많은 미시적인 분자의 거동으로 설명하는 것을 통계학적인 설명이라고 해.
엔트로피도 이와 같은 통계적인 방법으로 계산할 수 있어.
이렇게 계산해도 거시적으로 계산한 것과 같은 결과가 얻어진단다.
기체 속의 분자의 수는 무수히 많지만 간단하게 6개의 분자가 단열된 상자속의 두 방에 분포하는 경우를 생각해 보자.
단열벽
분자들은 동일해서 구별할 수 없고, 두 방의 부피는 같아서 한 분자가 왼쪽이나 오른쪽 방에 있을 확률은 같다고 하자.

이 경우에 있을 수 있는 배열은 7가지야.
이러한 배열상태를 분자의 미시상태라고 해. 상식적으로 분자들이 한쪽 방에만 몰려 있는 경우보다는 양쪽 방에 나뉘어 있는 경우가 훨씬 더 많이 발생하겠지?
각각의 배열에 대하여 경우의 수(미시상태 수)를 계산해 보자.
우선 6개의 분자가 주머니에 들어 있고, 손을 넣어서 하나를 꺼내서 단열방에 넣는다면
6가지의 경우의 수가 있겠지? 그 다음에는 주머니에 분자가 5개가 남아있으니까, 그 중에서 한 개를 꺼내는 경우의 수는 5가지.

그 다음에는 주머니에 4개의 분자가 남아 있으니까 하나를 꺼내는 경우의 수는 4가지,
이렇게 차례로 꺼내면 그 다음에는 3가지 → 2가지 → 1가지의 경우의 수가 되겠네요.
이와 같은 과정에서 분자를 하나 꺼내는 과정은 독립적이므로 경우의 수는 모두 곱해서
6×5×4×3×2×1＝6!
독립시행
! : 팩토리얼
그런데 분자들은 서로 구별할 수 없으므로 이 6!가지가 모두 독립적인 경우의 수는 아니야.
예를 들어 왼쪽 방에 4개 오른쪽 방에 2개를 넣을 경우를 생각해 보면
왼쪽 방에 분자 4개를 넣는 순서(4!)는 의미가 없어 또 오른쪽 방에 2개를 넣는 순서(2!)도 무의미하지.

그래서 6!을 4!과 2!로 나눠 줘야 해. 즉, 왼쪽 방에 4개, 오른쪽 방에 2개의 분자가 있을 경우의 수 Ω는

$$\Omega = \frac{6!}{4!\,2!} = \frac{6\times5\times4\times3\times2\times1}{(4\times3\times2\times1)(2\times1)} = 15$$

이것을 일반화해서 N개의 분자가 있고 왼쪽 방에 n_1개가 오른쪽 방에 n_2개가 있을 경우의 수 Ω는

$$\Omega = \frac{N!}{n_1!\,n_2!}$$

이와 같은 방법으로 분자가 6개 있을 경우 왼쪽 방에 n_1개, 오른쪽 방에 n_2개 있을 경우의 수(미시상태 수)를 계산해서 표로 만들면

배열		경우의 수 Ω
n_1(왼쪽 방)	n_2(오른쪽 방)	
6	0	$\frac{6!}{6!\,0!}=1$
5	1	$\frac{6!}{5!\,1!}=6$
4	2	$\frac{6!}{4!\,2!}=15$
3	3	$\frac{6!}{3!\,3!}=20$
2	4	$\frac{6!}{2!\,4!}=15$
1	5	$\frac{6!}{1!\,5!}=6$
0	6	$\frac{6!}{0!\,6!}=1$
합계		64

참고로 $0! = 1$이야.

앞의 표에서 보듯이 양쪽 방에 균등하게 같은 숫자의 분자(왼쪽 3개, 오른쪽 3개)가 있을 경우의 수(20)가 가장 커.
64 : 총 경우의 수
이 경우를 확률로 계산하면
$\frac{20}{64} \approx 0.313$
즉, 주어진 시간의 약 31.3% 동안은 이와 같은 상태에 있다는 거지.

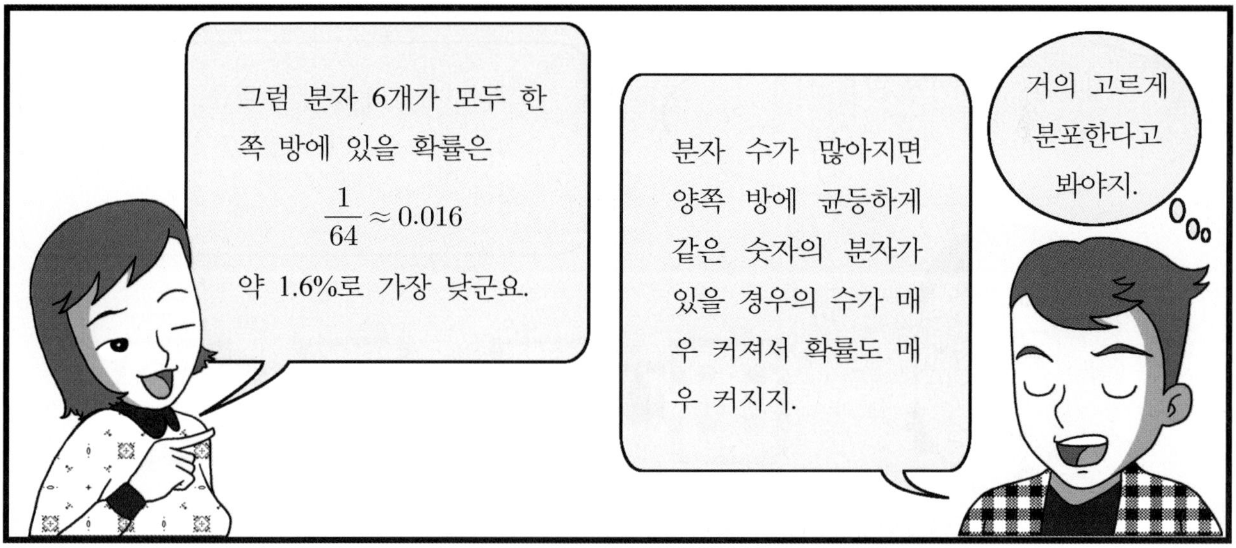
그럼 분자 6개가 모두 한 쪽 방에 있을 확률은
$\frac{1}{64} \approx 0.016$
약 1.6%로 가장 낮군요.
분자 수가 많아지면 양쪽 방에 균등하게 같은 숫자의 분자가 있을 경우의 수가 매우 커져서 확률도 매우 커지지.
거의 고르게 분포한다고 봐야지.

1877년 볼츠만은 분자배열의 경우의 수 Ω와 엔트로피 S 사이에 다음의 관계가 있음을 보였어.
$S = k \ln \Omega$
k : 볼츠만 상수

이 식을 이용해서 앞의 분자 6개의 경우의 엔트로피를 계산해봐.
네.

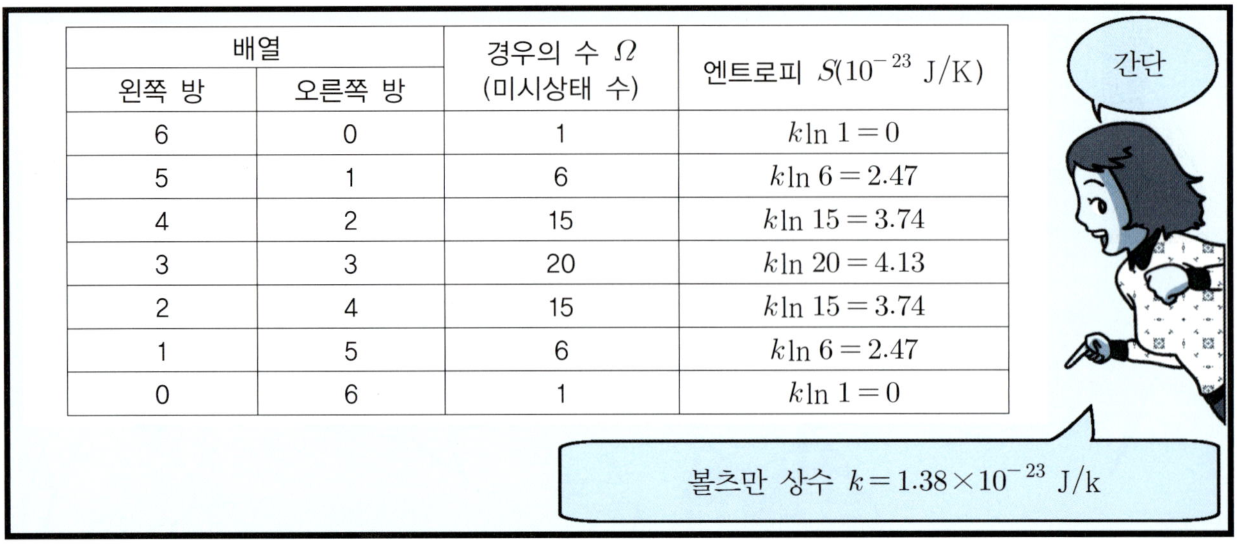

배열		경우의 수 Ω (미시상태 수)	엔트로피 $S(10^{-23}$ J/K)
왼쪽 방	오른쪽 방		
6	0	1	$k\ln 1 = 0$
5	1	6	$k\ln 6 = 2.47$
4	2	15	$k\ln 15 = 3.74$
3	3	20	$k\ln 20 = 4.13$
2	4	15	$k\ln 15 = 3.74$
1	5	6	$k\ln 6 = 2.47$
0	6	1	$k\ln 1 = 0$

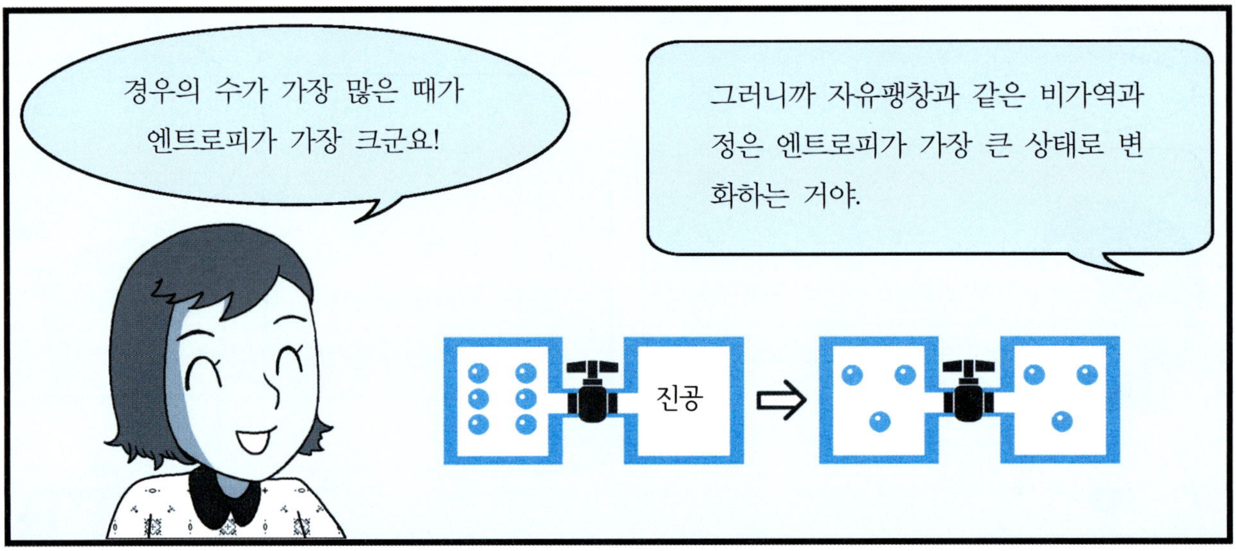

퀴즈 1

왼쪽 방에 갇혀 있던 2.00 mol의 산소기체가 그림과 같이 마개가 열려서 자유팽창하여 왼쪽 방과 부피가 같은 오른쪽 방도 채웠다. 이 비가역과정 동안 산소기체의 엔트로피 변화를 구하라. 단, 산소기체는 이상기체라고 가정하라.

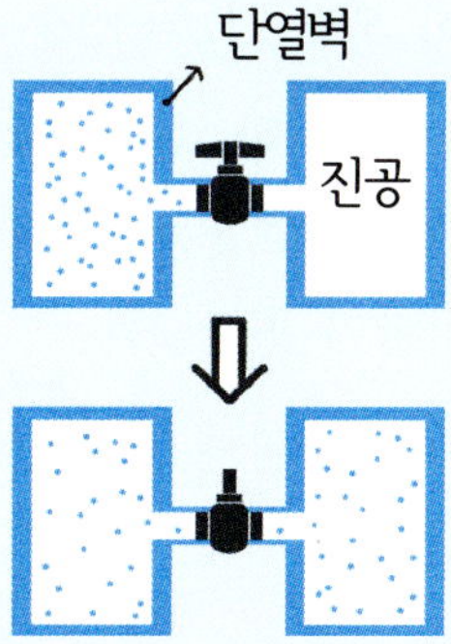

답

비가역 과정, 가역 과정에 관계없이 초기상태 i에서 최종상태 f로 변화할 때의 엔트로피 변화 ΔS는 본문에서 계산한 것과 같이

$$\Delta S = S_f - S_i = nR\ln\frac{V_f}{V_i} + nC_v\ln\frac{T_f}{T_i}$$

여기서 V_f, V_i는 최종 및 초기부피, T_f, T_i는 최종 및 초기온도임.

자유팽창의 경우에는 온도가 변하지 않으므로 $T_f = T_i$.

따라서

$$nC_v\ln\frac{T_f}{T_i} = nC_v\ln 1 = 0$$

또 우리의 경우에는 $V_f = 2V_i$에 대입하면

$$\Delta S = nR\ln\frac{V_f}{V_i} = 2R\ln 2$$

$$= (2.00\ \text{ml})(8.31\ \text{J/mol}\cdot\text{K})\ln 2$$

$$= 11.5\ \text{J/K}$$

퀴즈 2

카르노 기관이 온도 $T_H = 870$ 에서 $T_L = 290\ K$ 사이에 작동하고, 기관이 한 순환 과정당 900 J의 일을 하며 한 순환 과정에 걸리는 시간은 $0.21\ s$ 이다.

(a) 카르노 기관의 효율을 구하라.

(b) 카르노 기관의 평균일률을 구하라.

(c) 매순환과정마다 고온부에서 뽑아내는 열에너지 $|Q_H|$를 구하라.

(d) 매순환과정마다 저온부에 버리는 열에너지 $|Q_L|$을 구하라.

답

(a) 효율 ϵ은 $\epsilon = 1 - \dfrac{T_L}{T_H} = 1 - \dfrac{290\ K}{870\ K} = 0.67$

(b) 평균일률 $P = \dfrac{\text{일}}{\text{시간}} = \dfrac{W}{t} = \dfrac{900\ \text{J}}{0.21\ s} = 4.3\ \text{kW}$

(c) 효율 ϵ은 $\epsilon = \dfrac{\text{얻은 에너지}}{\text{공급한 에너지}} = \dfrac{|W|}{|Q_H|}$

따라서

$$|Q_H| = \frac{W}{\epsilon} = \frac{9.00\ \text{J}}{0.67} \approx 1300\ \text{J}$$

(d) 얻은 에너지, 즉 한 일

$$W = |Q_H| - |Q_L|$$

따라서

$$|Q_L| = |Q_H| - W = 1300\ \text{J} - 900\ \text{J} = 400\ \text{J}$$

퀴즈 3

그림과 같은 상자 안에 구별할 수 없는 100개의 분자가 들어 있다.

(a) 왼쪽 방에 $n_1 = 50$개, 오른쪽 방에 $n_2 = 50$개인 배열을 갖는 미시상태의 수(경우의 수)를 구하라.

(b) $n_1 = 100$, $n_2 = 0$인 배열을 갖는 미시상태의 수를 구하라.

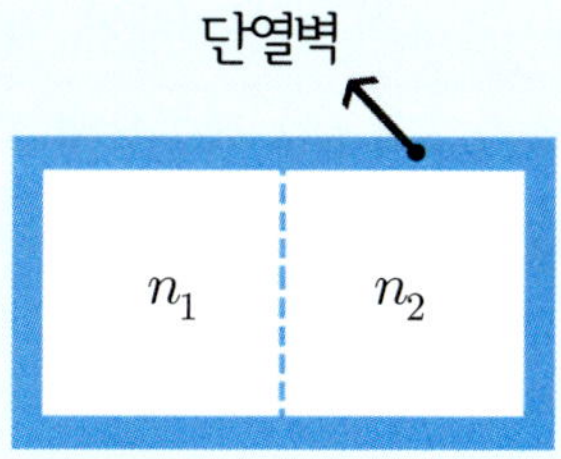

답

(a) $n_1 = 50$, $n_2 = 50$인 배열의 미시상태의 수 (경우의 수) Ω는

$$\Omega = \frac{N!}{n_1!\,n_2!} = \frac{100!}{50!\,50!}$$

$$= \frac{9.33 \times 10^{157}}{(3.04 \times 10^{64})(3.04 \times 10^{64})}$$

$$= 1.01 \times 10^{29}$$

(b) $n_1 = 100$, $n_2 = 0$인 배열의 미시상태의 수 Ω는

$$\Omega = \frac{100!}{100!\,0!} = 1$$

퀴즈 4

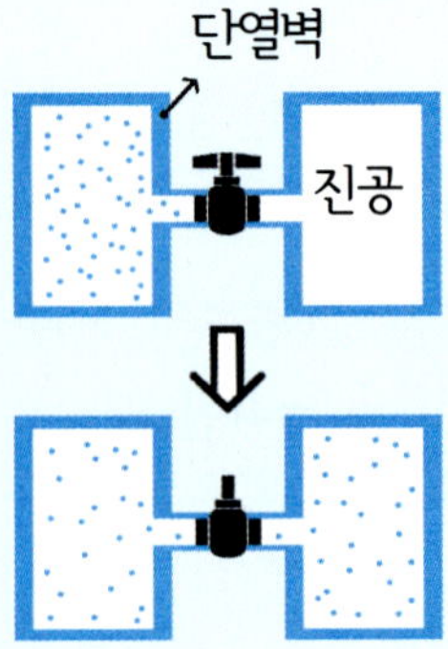

21 mol의 이상기체가 자유팽창하여 부피가 두 배로 될 때 초기상태 i와 최종상태 f 간의 엔트로피 변화 $\Delta S = S_f - S_i$를 통계적 엔트로피 $S = k\ln\Omega$로부터 구하라.

답

21\mol 속의 기체분자 수를 N이라 하자.

초기상태 i에서는 왼쪽 방에 모든 분자가 들어 있으므로 배열은 $(N,\ O)$,

따라서 미시상태의 수 (경우의 수) Ω는

$$\Omega_i = \frac{N!}{N!\,0!} = 1$$

따라서 초기상태의 엔트로피

$S_i = k\ln 1 = O$

최종상태에는 왼쪽 방과 오른쪽 방에 분자 수가 같으므로 배열은 $(N/2,\ N/2)$이다.

따라서 Ω_f는

$$\Omega_f = \frac{N!}{(N/2)!\,(N/2)!}$$

따라서 최종상태의 엔트로피

$$S_f = k\ln\Omega_f = k\ln\left\{\frac{N!}{\left(\frac{N}{2}!\right)^2}\right\}$$

$$= k\ln N! - 2k\ln\left(\frac{N}{2}\right)!$$

$\ln\frac{a}{b^2} = \ln a - 2\ln b$

스터링의 근사식 $\ln N! \approx N(\ln N) - N$을 사용하면

$$
\begin{aligned}
S_f &= k\ln N! - 2k\ln\left(\frac{N}{2}\right)! \\
&= k\{N(\ln N) - N\} - 2k\,\{(N/2)\ln(N/2) - N/2\} \\
&= k\{N(\ln N) - N - N\ln(N/2) + N\} \\
&= k\{N(\ln N) - N(\ln N - \ln 2)\} \\
&= Nk\ln 2
\end{aligned}
$$

$\ln \frac{N}{2} = \ln N - \ln 2$

k : 볼츠만 상수

N_A : 아보가드로 수

그런데 $k = \dfrac{R}{N_A}$ 이고

우리의 경우는 2 mol 속의 분자 수를 N으로 놓았으니까

$$N = 2N_A$$

따라서

$$Nk = 2N_A k = 2R$$

1 mol 속에는 N_A개의 분자

대입하면

$$S_f = 2R\ln 2$$

따라서 엔트로피 변화 ΔS는

$$\Delta S = S_f - S_i = 2R\ln 2 - 0 = 2R\ln 2$$

| 저자 약력 |

조재경

서울대학교 공과대학 공학사 및 동 대학원 공학석사
주식회사 SKC 선임연구원
일본 동경공업대학 공학박사
미국 카네기멜론대학교 연구원
경상대학교 조교수 및 부교수
주식회사 CNK 대표이사
미국 어번대학교 교환교수
현 경상대학교 교수

일반물리학이라면 이제 만화로 공부하세요 II 고전역학, 열역학

2016년 11월 15일 초판 발행
2023년 6월 15일 초판 2쇄 발행

저 자 조재경
발행자 오판근
발행처 교우사

주 소 서울특별시 동대문구 약령시로 8 교우빌딩 2층
전 화 925-2861~2, 편집부 / 925-2825, 홈쇼핑 / 969-5762
팩 스 925-2860

E-mail kyowoo@kyowoo.co.kr
홈페이지 http://www.kyowoo.co.kr
북스토어(쇼핑몰) http://www.kyowoo.co.kr

등 록 1994. 3. 24 제6-0256호

ISBN 979-11-251-0182-6 (94420)
979-11-251-0181-9(세트)
값 **32,000** 원